JN413359

주머니 속

양서·파충류 도감

□ 사진 도와 주신 분

김병수·김지현·김현태·서울대공원·이윤수·이종남·윤명석·전형배·차동준·
차인환 님께 감사드립니다.

□ 일러두기

물뭍동물

1. 우리 나라(남한)의 물뭍동물을 다뤘습니다.
2. 수원청개구리는 보기도 어려울뿐더러 사진으로는 청개구리와 가리기 어렵고, 또렷한 사진
   을 얻을 수 없어서 사진을 넣지 않았습니다.
3. 학명은 인터넷 웹사이트 앰피비아웹(http://amphibiaweb.org) 자료를 따랐습니다.
4. 국명은 『한국산양서류총설』(2000)을 따랐으며, 새로 밝혀진 한국산개구리와 이끼도롱뇽은
   해당 연구자가 쓴 국명을 따랐습니다.
5. 북한 이름은 『조선량서파충류지』(1971)를, 영어 이름은 앰피비아웹을 참고했습니다.

길동물

1. 우리 나라(남한)의 모든 길동물을 다뤘으며, 새롭게 기록된 북도마뱀도 넣었습니다.
2. 종마다 갖가지 먹이를 먹기 때문에 즐겨 먹는 2~3가지만 소개했습니다.
3. 몸 길이는 다 자란 것의 머리에서 꼬리까지 길이를 나타냈으나, 거북 무리만은 등딱지의 길
   이를 나타냈습니다.
4. 바다거북들은 매우 보기 힘들어서 박제 사진을 찍었습니다.
5. 바다거북 무리처럼 열대와 아열대 지역까지 옮겨 다니며 사는 종도 우리 나라에서 발견되
   는 곳만을 표기했습니다.
6. 학명은 국립공원연구원의 양서·파충류 연구원 송재영 박사의 미발표 자료(2006)를 따랐습
   니다.
7. 북한 이름은 『조선량서파충류지』(1971)를, 영어 이름은 『The Completely Illustrated Atlas
   of Reptiles and Amphibians for the Terrarium』(1988)을 참고했습니다.

생태 탐사의 길잡이 5

주머니 속

양서·파충류 도감

손상호 · 이용욱 글과 사진

황소걸음
Slow & Steady

주머니 속

양서·파충류 도감

펴낸날 2007년 3월 15일 초판 1쇄
2018년 11월 30일 초판 4쇄
지은이 손상호 이용욱
만들어 펴낸이 정우진 강진영 김지영
꾸민이 Moon&Park(dacida@hanmail.net)
펴낸곳 121-856 서울 마포구 신수동 448-6 한국출판협동조합 내 도서출판 황소걸음
편집부 (02) 3272-8863
영업부 (02) 3272-8865
팩 스 (02) 717-7725
이메일 bullsbook@hanmail.net / bullsbook@naver.com
등 록 제22-243호(2000년 9월 18일)
ISBN 978-89-89370-53-6 06490

© 손상호 이용욱, 2007

• 이 책의 내용을 저작권자의 허락 없이 복제, 복사, 인용, 전재하는 행위는 법으로 금지되어 있습니다.
• 잘못된 책은 바꿔 드립니다. 값은 뒤표지에 있습니다.

신비에 싸인 물뭍동물과 길동물

생물들은 환경에 맞게 자신을 바꿉니다. 이를테면 개구리가 1월에 나타나 알을 낳기도 하지요. 비록 한겨울이지만 개구리가 있는 환경이 개구리의 겨울잠을 깨울 조건을 갖추었기 때문입니다. 이처럼 뱀과 개구리들은 우리가 알고 있는 것과 달리 날로 새로운 모습을 보인답니다. 그러므로 이 책을 보는 분들은 물뭍동물(양서류)과 길동물(파충류)에 대해서 지금까지 알던 것은 물론이고, 이 책에 담긴 내용만으로 충분히 알 수 있겠거니 여기지 않기 바랍니다.

많은 사람들이 개구리와 도롱뇽, 뱀과 거북을 하찮게 여기거나, 지나치게 무서워합니다. 이는 우리가 물뭍동물과 길동물의 생활을 잘 모르기 때문입니다. 더욱이 방송과 언론에서 이들에 대해 잘못된 내용을 소개하는 경우도 종종 있습니다. 예를 들면, 미국에서 들여 온 황소개구리와 붉은귀거북이 그런 경우에 속합니다. 이들이 우리 나라 생태계를 어지럽혔다지만 제 발로 이 땅에 들어온 것이 아니며, 이들이 활개 칠 수 있는 환경을 만든 것도 몇몇 사람들 때문입니다. 그럼에도 생태계를 어지럽히는 일이 온통 이들 탓인 것처럼 말합니다. 또 황소개구리가 작은 뱀까지 잡아먹는다지만 다 자라기 전에 다른 종들에게 잡아먹힌다는 사실은 거의 알려지지 않았고, 죽어 가는 가물치를 먹는 붉은귀거북이 사냥꾼이라기보다는 동물의 사체를 치워 주는 구실을 한다는 것도 잘 모릅니다. 다행스럽게도 곳곳에서 이들의 수가 줄어드는 바람에 더는 문제삼지 않지만, 아직까지 황소개구리와 두꺼비, 참개구리를 가리지 못하는 사람들이 많습니다. 또 붉은귀거북과 환경부 지정 멸종 위기종

2급인 남생이도 가리지 못해서 남생이를 붉은귀거북이라며 죽이거나, 붉은귀거북을 남생이라며 전시하는 일도 생깁니다.

이렇듯 외국에서 들여 온 종은 괴물처럼 여겨 마구 대하고, 토종은 무조건 손대면 안 된다는 생각은 옳지 않습니다. 자연에서 어떤 일이 일어나는지 관심을 갖고 생물의 삶에 한 발 더 다가가는 길이 무엇인지 함께 생각해야 합니다. 그러려면 먼저 어떻게 생긴 녀석들인지 알아야겠지요.

이 책에서는 개구리와 뱀 같은 물뭍동물과 길동물의 생김새와 사는 꼴을 소개합니다. 같은 종류에서도 생김새가 얼마나 다른지 볼 수 있으며, 어디를 가야 이들을 찾아볼 수 있는지도 알려 드립니다. 하지만 아직도 밝혀지지 않은 부분들이 더 많기 때문에 이들을 깊이 이해하기에는 턱없이 모자랍니다. 그저 이들의 삶을 조금 맛보는 정도일 것입니다. 저희는 이 책이 물뭍동물과 길동물을 만날 때 꼭 살펴봐야 할 것들을 알고, 미처 보여 주지 못한 많은 것들을 찾아 가는 데 길잡이가 되기를 바랍니다.

끝으로 도움을 주신 분들께 감사드립니다. 고이고이 님, 최현명 님, 오해용 님, 김동식 님, 민미숙 님, 박대식 님, 한상훈 님, 조성장 님, 동물구조관리협회 조기만 님, 국립공원연구원 송재영·이윤수 님, 그리고 황소걸음 식구들 고맙습니다.

손상호·이용욱

용어와 이름

 용어 도움말

 우리 나라에 사는 물뭍동물과 길동물

 물뭍동물과 길동물의 다른 점

☐ 용어 도움말

물뭍동물과 길동물의 얼개와 사는 꼴에 관련된 용어들을 가능한 한 우리말로 바꿨습니다.

- ▶ 갈래 분류
- ▶ 갓난탈 유생
- ▶ 길동물 파충류, 파충강
- ▶ 귀청 고막
- ▶ 눈썹줄 눈썹선
- ▶ 도드라기 융기
- ▶ 등뼈동물 척추동물, 척추동물문
- ▶ 똥구멍 항문
- ▶ 모래집 양막
- ▶ 목겉울음주머니 목 부위에서 크게 튀어나온 '외부중앙후두형'
- ▶ 목속울음주머니 내부에 존재하는 형태의 울음주머니 '내부중앙후두형'
- ▶ 물뭍동물 양서류, 양서강, 물뭍동물
- ▶ 물뭍살이 수륙양서형
- ▶ 물살이 완전수생형
- ▶ 물살이 생물 수서생물
- ▶ 뭍뱀 육지뱀
- ▶ 뭍살이 완전육생형
- ▶ 민다리 무리 무족영원류, 무족목

- ▶ 바닷말 해초
- ▶ **뺨겉울음주머니 한 쌍** 양쪽 뺨에 한 쌍으로 크게 튀어나온 '한 쌍 측면형'
- ▶ **뺨속울음주머니 한 쌍** 양쪽 뺨에 한 쌍으로 내부에서 부푸는 '한 쌍 측면형'
- ▶ 아래턱이빨 서개구치(vomerine teech : 아래턱 가장자리에 붙어 있는 이빨)
- ▶ 사는 꼴 생태
- ▶ 소리칸 중이강
- ▶ 씨눈 배
- ▶ 다 자란 것 성체
- ▶ **염통** 심장
- ▶ **염통방** 심방
- ▶ **염통집** 심실
- ▶ **올라붙기** 물뭍동물의 포접
- ▶ **울대** 성대
- ▶ **젖먹이동물** 포유동물
- ▶ **찬피동물** 변온동물, 냉혈동물
- ▶ **샅구멍** 서혜인공

우리 나라에 사는 물로동물과 길동물

양서류동물(19종)

학명	우리 나라	북한	영어 이름	참고
Rana nigromaculata	참개구리	청개구리	Dark-Spotted Frog, Black-spotted Pond Frog	눈개구리', '떡구리 라고도 불림.
Rana chosenica	금개구리	금개구리	(이름 없음)	학명을 'Rana plancyi chosenica' 로 쓰기도 함.
Rana dybowskii	북방산개구리	기름개구리	Dybowsky's Frog	(이름 없음)
Rana huanrenensis	계곡산개구리	(이름 없음)	(이름 없음)	(이름 없음)
Rana coreana	한국산개구리	애기개구리	(이름 없음)	아무르산개구리와 다른 종으로 밝혀짐에 따라 새 학명이 붙음.
Rana rugosa	옴개구리	옴개구리	Wrinkled Frog	(이름 없음)
Rana catesbeiana	황소개구리	소개구리	American Bullfrog, Bullfrog	들여 온 종.
Hyla japonica	청개구리	청개구리	Japanese Tree Frog	(이름 없음)
Hyla suweonensis	수원청개구리	(이름 없음)	(이름 없음)	(이름 없음)
Kaloula borealis	맹꽁이	맹꽁이	(이름 없음)	(이름 없음)
Bombina orientalis	무당개구리	비단개구리	Oriental Fire-Bellied Toad	'고추개구리' 라고도 불림.
Bufo gargarizans	두꺼비	두꺼비	Asiatic Toad	(이름 없음)
Bufo stejnegeri	물두꺼비	(이름 없음)	(이름 없음)	1996년 북한에서 비슷한 종이 서방두꺼비 'Bufo sambangensis'를 새로 찾아 냈으나, 확인이 필요함.
Hynobius leechii	도롱뇽	도롱뇽	Northeastern China Hynobiid Salamander	(이름 없음)
Hynobius quelpartensis	제주도롱뇽	(이름 없음)	(이름 없음)	남한(제주도, 서남부 지방)에 퍼져 있음.
Hynobius yangi	고리도롱뇽	(이름 없음)	(이름 없음)	남한(경남)에 퍼져 있음.
Onychodactylus fischeri	꼬리치레도롱뇽	발톱도롱뇽	Long-Tailed Clawed Salamander	(이름 없음)
Salamandrella keyserlingii	네발가락도롱뇽	함수도롱뇽	Siberian Newt	북한에 퍼져 있음.
Karsenia koreana	이끼도롱뇽	(이름 없음)	Korean Crevice Salamander	(이름 없음)

기는동물(30종)

학명	우리 나라	북한	영어 이름	참고
Caretta caretta	붉은바다거북	붉은거북	Loggerhead Turtle	
Chelonia mydas japonica	바다거북, 푸른바다거북	푸른거북	Green Turtle	
Dermochelys coriacea schlegelii	장수거북	가죽거북	Leatherback Sea Turtle	
Chinemys reevesii	남생이	남생이	Reeve's Turtle	
Trachemys scripta elegans	붉은귀거북	(이름 없음)	Red-eared Slider	들여 온 종.
Pelodiscus sinensis	자라	자라	Chinese Soft-shell Turtle	
Scincella vandenburghi	도마뱀	미끈도마뱀	(이름 없음)	새끼 두 종으로 나뉨.
Scincella huanrensis	북도마뱀	미끈도마뱀	(이름 없음)	
Takydromus amurensis	아무르장지뱀	긴꼬리도마뱀	(이름 없음)	장지뱀과 관악장지뱀은 없음.
Takydromus wolteri	줄장지뱀	흰줄도마뱀	(이름 없음)	
Eremias argus	표범장지뱀	표문장지뱀	(이름 없음)	
Gekko japonicus	도마뱀붙이, 도마뱀부치	도마뱀	Japanese Gecko	북한에 퍼져 있음.
Eumeces coreensis	장수도마뱀	대장지	(이름 없음)	
Amphiesma vibakari ruthveni	대륙유혈목이	대륙늘메기	(이름 없음)	
Coluber spinalis Peters	실뱀	실뱀	(이름 없음)	
Dinodon rufozonatum rufozonatum	능구렁이	섬사	Red Banded Snake	
Elaphe dione	누룩뱀	누룩뱀	Steppe Rat Snake	'일구렁이', '말뱀', '석화사' 라고도 불림.
Elaphe rufodorsata	무자치	밀뱀	(이름 없음)	'무자수', '물뱀' 이라고도 불림.
Elaphe schrenckii schrenckii	먹구렁이	구렁이	Amur Rat Snake	최근 두 아종으로 나뉨.
Elaphe schrenckii anomala	황구렁이	구렁이	Amur Rat Snake	
Elaphe davidi	세줄무늬뱀	세줄무늬뱀	(이름 없음)	북한에 퍼져 있음.
Rhabdophis tigrinus tigrinus	유혈목이	늘메기	Asian Tiger Snake	'꽃뱀', '화사', '너불대' 라고도 불림.
Sibynophis chinensis	비바리뱀	(이름 없음)	(이름 없음)	제주도에 퍼져 있음.
Pelamis platurus	바다뱀	검은등바다뱀	Yellow-bellied Sea Snake	
Hydrophis melanocephalus	먹대가리바다뱀	검은머리바다뱀	(이름 없음)	
Hydrophis cyanocinctus	얼룩무늬바다뱀	(이름 없음)	Blue Banded Sea Snake	요즘 실제 이름이 밝혀짐.
Agkistrodon ussuriensis	쇠살모사, 쇠살무사	살모사	(이름 없음)	
Agkistrodon brevicaudus	살모사, 살무사	살모사	(이름 없음)	
Agkistrodon saxatilis	까치살모사, 까치살무사	살모사	(이름 없음)	'성질사' 라고도 불림.
Vipera berus	북살모사, 북살무사	북살모사	Common Adder	북한에 퍼져 있음.

물뭍동물과 길동물의 다른 점

우리 나라에 사는 물뭍동물은 개구리 무리와 도롱뇽 무리가 있고, 길동물에는 민물거북 무리와 도마뱀 무리, 뱀 무리가 있다.

물뭍동물

– 개구리 무리는 꼬리가 없고, 도롱뇽 무리는 꼬리가 있다.
– 개구리 무리는 소리를 내고, 도롱뇽 무리는 소리를 내지 않는다.
– 개구리 무리는 올챙이 모습을 거치지만, 도롱뇽 무리는 거치지 않는다.
– 물뭍동물은 거의 속이 보이는 알을 낳는다.

길동물

– 민물거북 무리는 등딱지가 있다.
– 도마뱀 무리와 뱀 무리는 혀를 날름거린다.
– 길동물은 속이 보이지 않는 알이나 새끼를 낳는다.

도롱뇽 무리와 도마뱀 무리의 다른 점

– 물뭍동물인 도롱뇽 무리는 혀를 날름거리지 않고, 길동물인 도마뱀 무리는 혀를 날름거린다.
– 도롱뇽 무리는 꼬리를 잡으면 가만히 있지만, 도마뱀 무리는 끊고 도망친다.
– 도롱뇽 무리는 대부분 갓난탈일 때 물 속에서 살다가 탈바꿈한 뒤 뭍에서 살고, 도마뱀 무리는 뭍에서만 산다.
– 도롱뇽 무리는 비늘이 없고 살갗이 조금 끈끈하며, 도마뱀 무리는 비늘이 있어서 살갗이 끈끈하지 않다.
– 도롱뇽 무리는 불투명한 눈꺼풀이 없고, 도마뱀 무리는 불투명한 눈꺼풀이 있다.

물 뭍동물

물과 뭍을 오가는 물뭍동물

우리 나라에 사는 물뭍동물

물과 뭍을 오가는
물뭍동물

물뭍동물이란?

개구리 무리와 도롱뇽 무리, 민다리 무리를 묶어서 물뭍동물(양서류 혹은 양서강)이라고 한다. 물뭍동물을 뜻하는 앰피비언(amphibian)은 그리스 어 암피비오스(amphibios)에서 온 것으로, 뭍과 물 속을 오가며 사는 생물을 뜻한다. 물뭍동물은 대부분 물과 뭍을 오가며 살지만, 평생 물 속이나 뭍에서만 사는 종도 있다. 민다리 무리는 우리 나라에 살지 않는다.

모든 물뭍동물을 하나로 묶는 특성은 없다. 그저 몇 가지 형질을 가지고 물뭍동물로 묶어 볼 수 있는데, 찬피동물이며 탈바꿈을 하는 등뼈동물이라고 하면 옳을 듯하다. 우리 나라에 사는 물뭍동물에는 개구리 무리에 딸린 13종과 도롱뇽 무리에 딸린 5종이 있다. 이들 18종 가운데 황소개구리만 외국에서 들여 온 종이다. 그 밖에 네발가락도롱뇽은 북한에서 산다. 이렇듯 남북한을 합쳐도 19종에 지나지 않는다.

지구의 등뼈동물 4만여 종 가운데 물뭍동물은 4000종쯤밖에 안 된다. 그러나 사람들이 새로운 물뭍동물을 잇따라 찾아 내고 있다. 2005년 우리 나라에서 미주도롱뇽과에 딸린 이끼도롱뇽을 찾아 낸 것만 봐도 그렇다. 앞으로 얼마나 더 많은 물뭍동물이 새롭게 밝혀질지 기대된다.

물뭍동물의 특징

개구리 무리

– 개구리라는 이름은 울음소리에서 왔다.
– 개구리는 올챙이 때를 거치며 꼬리가 없어진다.

- 짧고 튼튼한 등뼈가 있다. 등뼈를 이루는 등골뼈 개수는 도롱뇽 무리 (30~100개)에 견주어 매우 적은 9개다.
- 참개구리처럼 주로 물 속과 물가에 사는 개구리들은 살갗이 매끄럽고 다리가 길어 뜀뛰기와 헤엄치기에 알맞다.
- 맹꽁이처럼 주로 뭍에 살거나 땅 속에 구멍을 파고 사는 종들은 대부분 몸이 통통하며 다리가 짧다. 발 너비가 넓고, 가래 같은 발가락과 딱딱한 살갗혹이 구멍을 파는 데 도움을 준다.
- 대부분 눈과 콧구멍이 머리 꼭대기에 있어서 물 속에 몸을 담근 채 숨쉬고 주변을 살필 수 있다.
- 허파로 숨을 쉬고, 살갗으로도 산소를 얻는다.
- 대부분 눈이 크고 약간 앞쪽으로 튀어나왔다. 눈에는 늘 물기를 머금게 하는 특별한 선이 있다.
- 대부분 눈 바로 뒤에 큰 귀청이 있고, 귀청에서 속귀로 소리의 떨림을 전달하는 소리칸이 있다.
- 올챙이는 몸통이 짧고 대부분 둥글게 생겼다. 올챙이 창자는 코일처럼 생긴 것이 길게 감겨 있어서 풀을 먹고 삭이는 데 알맞다.

도롱뇽 무리

- 도롱뇽의 영어 이름 샐러맨더(salamander)는 라틴 어 살라만드라 (salamandra)에서 온 말로, '물 속에 사는 도마뱀'이란 뜻이다.
- 영원(newt) 무리란 도롱뇽 무리의 특정 속에 딸린 종들로, 우리 나라에는 살지 않는다.
- 대부분 몸이 좁고 길며, 꼬리가 길다. 다리는 두 쌍이며 길이가 거의 같다.
- 대부분 온대 지역에 산다.
- 살갗으로 몸 안의 물기가 빠져 나가기 때문에 덥고 메마른 상태에서 견디지 못한다. 따라서 여름이면 물기 있는 곳에 숨었다가 서늘한 밤에만 움직인다.

– 알에서 깨어나서부터 다른 동물을 잡아먹고 산다.
– 소리를 내지 않는다.
– 헤엄치는 데 쓸 수 있도록 꼬리가 잘 발달한 종들이 많다.
– 뒷발보다 앞발의 발가락 수가 적은 종이 많다.
– 사는 꼴은 매우 여러 가지인데 크게 물살이, 뭍살이, 물뭍살이로 나
 뉜다.
– 우리 나라에 사는 도롱뇽 무리는 대부분 물뭍살이로, 요즈음 찾아 낸
 이끼도롱뇽은 아직 사는 꼴이 뚜렷이 밝혀지지 않았다.

■ 물뭍동물의 크기

 우리 나라에 사는 개구리 무리에서는 청개구리가 가장 작고, 황소개구
리가 가장 크며, 두꺼비가 그 다음으로 크다. 도롱뇽 무리에서는 이끼도
롱뇽이 가장 작고, 꼬리치레도롱뇽이 가장 크다. 올챙이 때 생김새와 크
기가 개구리 종류마다 다르며, 올챙이로 가장 크게 자라는 종은 황소개구
리다.

 청개구리가 막 올챙이에서 개구리가 되었을 때 크기는 어른 손톱만하
다. 올챙이에서 개구리로 바뀔 때 바뀌기 전보다 몸집이 작아진다. 세계
에서 가장 큰 골리앗개구리는 몸 길이가 40cm에 이르기도 하며, 세계에
서 가장 큰 도롱뇽은 아시아의 장수도롱뇽으로 150cm가 넘는다.

개구리와 도롱뇽의 각 부분 이름

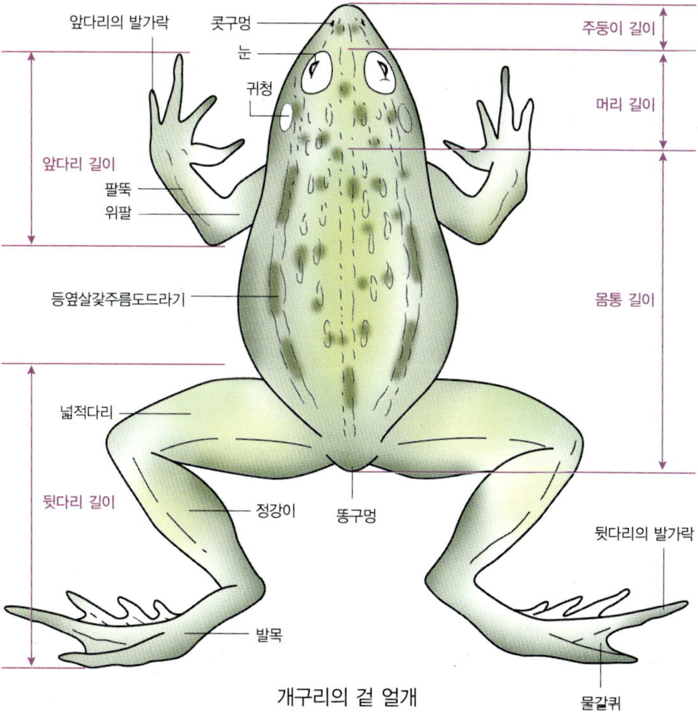

앞다리의 발가락

콧구멍

눈

귀청

주둥이 길이

머리 길이

앞다리 길이

팔뚝

위팔

등옆살갗주름도드라기

몸통 길이

넓적다리

뒷다리 길이

정강이

똥구멍

뒷다리의 발가락

발목

물갈퀴

개구리의 겉 얼개

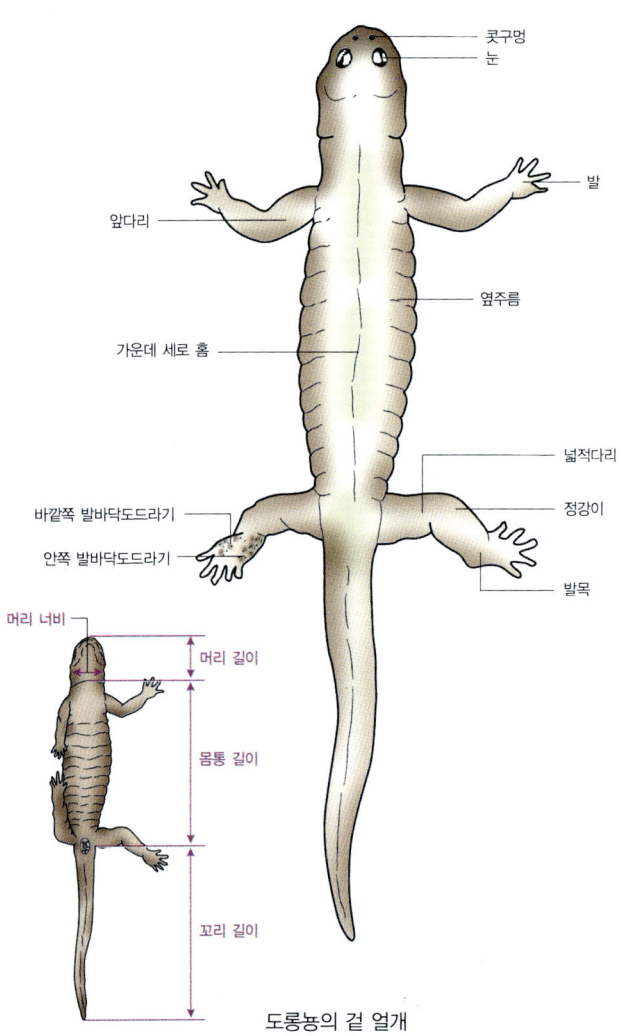

콧구멍

눈

발

앞다리

옆주름

가운데 세로 홈

넓적다리

정강이

바깥쪽 발바닥도드라기

안쪽 발바닥도드라기

발목

머리 너비

머리 길이

몸통 길이

꼬리 길이

도롱뇽의 겉 얼개

물뭍동물이 사는 곳

물뭍동물이 어디에 사는지 살펴보자. 글쓴이가 본 것들을 곳에 따라 갈라 쓴 것으로, 자연에 나가서 개구리와 도롱뇽을 찾아볼 때 도움이 되었으면 한다. 하지만 글쓴이가 보지 못한 여러 가지 숨은 사실들이 더 있을 수밖에 없음을 밝혀 둔다.

논 – 참개구리, 청개구리

참개구리와 청개구리, 북방산개구리, 한국산개구리를 찾기 쉽다. 참개구리와 청개구리는 흔히 논에 알을 낳고 논과 그 언저리에서 산다. 북방산개구리와 한국산개구리는 개울 옆 논에 알을 낳고 산으로 돌아간다.

무당개구리(강원도), 옴개구리도 더러 보이는데, 이들 역시 논에서도 알을 낳지만 그 뒤 각자 본래 살던 개울가로 돌아가 자리를 잡는다. 아주 드물게 두꺼비와 맹꽁이도 눈에 띄는데, 알 낳기에 알맞은 곳이 없을 때 찾는 것으로 보인다. 계곡산개구리와 금개구리, 황소개구리는 거의 볼 수 없다.

논도랑 – 청개구리, 참개구리, 무당개구리

물 흐름이 별로 없는 곳에서 많은 개구리 종류들을 볼 수 있다. 물 흐름이 많고 물 높이 변화가 크면 개구리와 올챙이들이 살아남기 어렵다. 특히 수직으로 된 콘크리드 도랑은 ⌐ 곳에 빠진 개구리들이 헤어 나오지 못하고 죽음을 맞기 쉬워 큰 피해를 준다.

청개구리와 참개구리, 무당개구리(강원도)를 찾기 쉬우며, 이 가운데 청개구리와 무당개구리는 쉽게 벽을 타고 오르기 때문에 콘크리트 도랑에도 잘 적응한다. 북방산개구리와 한국산개구리, 옴개구리, 맹꽁이, 도롱뇽, 황소개구리도 더러 보이며, 아주 드물게 금개구리도 눈에 띈다.

둠벙 – 참개구리, 청개구리, 무당개구리, 금개구리

논에 물을 대기 위해 만든 작은 웅덩이에서 참개구리와 무당개구리, 청개구리, 금개구리, 한국산개구리, 도롱뇽을 찾아볼 수 있다.

밭 – 참개구리, 청개구리, 두꺼비

개구리들이 숨기 좋고 먹이인 곤충들을 찾기에도 좋은 곳이다. 청개구리와 참개구리, 두꺼비가 많고, 한국산개구리와 무당개구리도 볼 수 있다.

숲 – 북방산개구리, 계곡산개구리, 무당개구리, 두꺼비, 물두꺼비

마을에서 떨어져 사는 북방산개구
리와 계곡산개구리, 무당개구리,
두꺼비, 물두꺼비를 쉽게 볼 수 있
고, 청개구리와 참개구리도 눈에
띈다.

마을과 언저리 – 두꺼비, 맹꽁이, 참개구리, 청개구리

마을을 터전으로 살아가는 두꺼비, 맹꽁이, 참개구리, 청개구리가 많다.

개울과 그 언저리 – 북방산개구리, 계곡산개구리, 물두꺼비, 옴개구리, 꼬리치레도롱뇽, 도롱뇽

몇몇 종류는 개울물 속에서 겨울을
나며, 물이 흐르는 개울에서 알을
낳는 종류도 있다. 꼬리치레도롱
뇽 갓난탈, 북방산개구리, 계곡산
개구리, 물두꺼비, 옴개구리 따위
는 개울에서 겨울을 나며, 계곡산
개구리와 물두꺼비, 꼬리치레도롱
뇽, 도롱뇽은 개울에 알을 낳는다.

강가 - 옴개구리

강가에는 옴개구리가 많고, 참개구리와 청개구리, 두꺼비도 찾아볼 수 있다.

나무, 땅 속, 돌 틈 - 청개구리, 맹꽁이, 무당개구리

청개구리는 나무뿐만 아니라 바위도 잘 오른다. 맹꽁이는 땅 속에 숨어 살고, 무당개구리는 계곡 언저리 돌 틈에서 볼 수 있다.

비가 와서 생긴 웅덩이 - 맹꽁이

흔히 맹꽁이들이 알 낳는 곳이며, 간혹 북방산개구리나 무당개구리 따위도 비가 와서 생긴 웅덩이에 알을 낳곤 한다.

못, 저수지와 늪, 낚시터 - 금개구리, 두꺼비, 옴개구리, 황소개구리, 참개구리

금개구리와 두꺼비, 황소개구리, 참개구리, 옴개구리는 못, 저수지, 늪에 알을 낳는다. 서해안의 못에서 금개구리를 더러 볼 수 있다. 두꺼비는 못이나 저수지에 모여서 알을 낳는다. 개울물이 흐르다가 막힌 저수지에서 옴개구리 알 덩이들을 볼 수 있다. 이런 종류들이 낚시터와 그 언저리에서 알을 낳고 살기도 한다.

해발고도에 따른 분포

한국산개구리와 북방산개구리, 계곡산개구리가 사는 곳들을 살펴보면 해발고도에 따라 사는 종류가 다르다는 것을 알 수 있다. 낮은 곳에 한국산개구리, 좀더 높은 곳에 북방산개구리, 그보다 높은 산의 가파른 계곡 언저리에 계곡산개구리가 산다. 한국산개구리와 북방산개구리 혹은 북방산개구리와 계곡산개구리가 함께 사는 지역은 있지만, 한국산개구리와 계곡산개구리가 함께 보이는 곳은 찾지 못했다.

금개구리와 맹꽁이는 낮은 곳에 살고, 무당개구리는 높은 곳에 산다. 무당개구리는 강원도 지역에서 아주 흔한 편인데, 이는 강원도 지역이 두루 높기 때문인 것으로 보인다. 다른 지역에서도 숲이 우거진 산 중턱에서 무당개구리를 더러 볼 수 있어 높은 곳에서 무당개구리들이 살고 있음을 짐작케 한다.

물뭍동물이 살지 않는 곳

땅이 콘크리트로 덮인 곳, 농약이나 화학 약품 따위로 물이 오염된 곳, 메마른 곳 등에는 살지 않으며, 별다른 문제가 없어도 특정한 종류가 살지 않을 수 있다. 이는 각 종의 분포 한계선 때문인 것으로 보인다.

물뭍동물이 나타나는 때

따뜻한 비가 내릴 때

봄비는 물뭍동물에게 알을 낳으라고 부추기는 신호와 같다. 따뜻한 날씨에 비가 내리면 물뭍동물이 움직이기 시작한다. 심지어 겨울에도 비가 내리면 물뭍동물의 모습을 더러 볼 수 있다.

저녁에서 밤 사이

개구리와 도롱뇽 따위를 보기 좋은 때가 저녁 무렵이라는 점은 뚜렷하다. 날씨가 맑은 때보다 흐리거나 비 오는 날 저녁에 물뭍동물을 찾기 좋다.

낮

낮에는 물뭍동물이 숨어 있기 때문에 찾기 어렵다. 하지만 참개구리를 비롯해서 몇몇 종류들은 대낮에도 볼 수 있다.

봄에서 여름 사이

물뭍동물이 가장 많이 나타나고 자주 나다니는 때다.

가을에서 겨울 사이

물뭍동물을 찾기 어렵지만 개울에서 겨울잠을 자는 종류들을 살펴볼 수 있다.

물뭍동물의 죽음

물뭍동물이 어떻게 죽는지 살펴봄으로써 이들이 처한 현실을 이해할 수 있다.

말라 죽음

– 무논에 낳은 북방산개구리 알 덩이들이 물이 말라 죽은 것을 흔히 볼 수 있다.
– 웅덩이가 메말라 죽은 무당개구리 알 덩이들을 볼 수 있다.
– 얕은 웅덩이와 논에서 한국산개구리 알 덩이들이 그대로 말라 죽은 것을 볼 수 있다.
– 습지가 메말라서 죽은 두꺼비 알 덩이를 볼 수 있다. 낚시터로 바꾸기 위해서 물을 빼는 바람에 알 덩이들이 마른 경우도 있다.
– 논도랑이나 숲 속 웅덩이의 물이 말라서 죽은 도롱뇽 알 덩이를 볼 수 있다.
– 잠깐 비가 와서 생긴 웅덩이가 말라서 맹꽁이와 올챙이들이 죽은 것을 볼 수 있다.
– 큰비가 와서 저수지 물이 넘치는 바람에 둑 넘어서 내려가다가 붙어서 말라 버린 두꺼비 올챙이를 볼 수 있다.
– 개구리, 두꺼비, 도롱뇽 따위가 탈바꿈한 뒤 뭍으로 오를 때 몇몇은 살갗이 말라 죽기도 했다.

천적에게 죽음

- 소금쟁이들은 개구리 알 덩이에 붙어서 체액을 빨고, 물방개 애벌레도 개구리 알 덩이를 노린다.
- 잠자리 애벌레, 물자라, 장구애비, 게아재비 따위의 많은 곤충들이 올챙이들을 노린다.
- 중대백로, 해오라기, 때까치, 청호반새, 땃쥐, 등줄쥐, 족제비, 너구리, 수달, 유혈목이, 누룩뱀, 무자치, 쇠살모사 따위가 개구리들을 잡아먹는다. 무엇보다도 사람이 가장 큰 천적이라고 할 수 있다. 특히 겨울에 북방산개구리나 계곡산개구리를 잡아먹는 사람들이 있는데, 이는 법으로 막는 일이다.

같은 종 먹기

– 올챙이끼리 약한 것을 먹기도 하며, 특히 북방산개구리에서 그와 같은 현상을 볼 수 있다. 먹이가 줄어들면 힘없거나 죽어 가는 녀석을 먹기도 한다.
– 도롱뇽은 알에서 깨어나 먹이를 먹기 시작할 때부터 사냥꾼이다. 같은 새끼들끼리 잡아먹는 것을 종종 볼 수 있다.
– 큰 개구리는 입에 들어갈 만큼 작은 다른 개구리를 잡아먹는다.

굶어 죽음

두꺼비 올챙이들은 먹이가 줄어들면 제대로 자라지 못하고 죽는다. 두꺼비들은 같은 종류의 올챙이끼리 잡아먹지 않기 때문에 온 무리가 굶주리기도 한다. 굶어 죽지는 않더라도 먹이를 덜 먹고 자란 올챙이들은 제대로 자란 올챙이들보다 크기가 작고, 더 늦게 개구리가 되어 뭍에 오르므로 그만큼 경쟁에서 살아남기 어렵다.

길에서 죽음

특정한 때 개구리와 도롱뇽들이 차에 깔려 죽는 것을 볼 수 있다. 이는 알을 낳거나 올라붙기를 하는 무렵으로, 봄부터 가을에 걸쳐서 종류에 따라 달리 나타난다. 때로는 올라붙은 채로 죽은 짝을 볼 수도 있으며, 길에 알을 뿌려 놓고 죽기도 한다.

흐리거나 비 오는 날에 개구리들의 움직임이 많은 편이다. 또 올챙이에서 막 개구리가 되어 뭍으로 오르다가도 차에 치여 많은 수가 죽는다. 하지만 이들의 죽음을 살펴보기가 생각만큼 쉽지 않다. 이들의 사체는 크기가 작아서 몇 시간 안에 자취마저 사라지기 때문이다.

통로에 빠짐

- 어미가 논도랑에서 올라오지 못해 통로에 알 덩이를 낳곤 한다. 이 알 덩이들은 거의 살아남기 어렵다.
- 올챙이는 비가 많이 올 때, 논이나 저수지 물을 뺄 때 휩쓸려 내려가 통로에 빠져 죽기도 한다.
- 탈바꿈한 뒤에도 개골창이나 빗물받이에 빠져서 나오지 못하고 죽기도 한다.

농약 쓰고, 습지가 사라짐

농약 때문에 먹잇감들이 죽으면 물뭍동물도 죽는다. 또 물뭍동물이 알 낳는 습지를 흙으로 메워 버리는 것은 이들의 삶을 송두리째 앗아 가는 행위다.

돌림병과 질병

아직 우리 나라에서 개구리들이 돌림병이나 질병으로 죽어 가는 경우가 알려진 일은 없다. 하지만 다른 나라에서는 상당히 큰 문제가 되고 있다. 이는 우리 나라에서도 벌어질 수 있는 일이므로 돌림병과 질병에 대해 관심을 갖고 준비해야 한다.

엉뚱한 죽음

비닐 하우스의 비닐 틈이나 빈 항아리에 들어갔다가 나오지 못하고 죽는
청개구리들이 있다.

개구리 사체의 분해자들

곤충, 민달팽이, 지네, 새, 젖먹이동물, 뱀, 곰팡이 따위가 개구리의 사체
를 분해한다.

엉뚱한 행동

천적 먹기

큰 개구리가 작은 뱀을 먹기도 한다.

엉뚱한 올라붙기

올라붙기를 하려는 수컷들이 암컷을 만나지 못할 때 죽은 암컷이나 붕어, 배추 밑동, 다른 종, 힘이 약한 동성과 올라붙기를 한다.

엉뚱한 곳에 알 낳기

- 도롱뇽은 샘물이나 땅을 파고 묻어 둔 물통에 알을 낳기도 한다.
- 청개구리는 아주 작은 웅덩이, 빗물이 고인 물통, 동물원의 코끼리 사육장 안에 있는 못에도 알을 낳는다.
- 개울에 알을 낳는 계곡산개구리가 개울 옆 웅덩이에 알을 낳기도 하고, 개울 옆 웅덩이에 알을 낳는 북방산개구리가 개울에 알을 낳기도 한다.

☐ 물뭍동물과 인간의 관계

- 북방산개구리를 몸에 좋다고 먹는다.
- 예전에는 참개구리를 잡아서 닭 모이로 쓰기도 했다.
- 참개구리를 알 생기는 과정 살펴보기나 해부 실험용으로 썼으나 요즘은 황소개구리를 많이 쓴다.

– 애완용이나 볼 거리로 쓰기도 한다. 다른 나라에 사는 개구리와 도롱뇽
들을 들여 와서 기르거나 전시하기도 한다. 엉뚱하게 무당개구리가 수
입되어 전시된 일도 있다.

🟨 살펴보기, 잡기, 기르기

동물들을 괴롭히지 않도록 조심한다. 동물들이 하던 움직임에도 방해
가 되지 않도록 조심스럽게 살펴본다. 물뭍동물은 잡으면 안 되는 종류가
많다. 법으로 막지 않는 종은 황소개구리, 참개구리, 청개구리, 옴개구리,
무당개구리뿐이니 이들 말고는 허가 없이 잡지 않는다. 보호종이든 아니
든 필요한 것들을 살펴본 뒤에는 살던 곳에 다시 놓아 준다.

준비물

– **뜰채** 물가에서 동물을 잡을 때 쓴다.
– **장화** 물에 젖지 않도록 발을 감싸 준다.
– **필기 도구** 보고 느낀 것을 적는 습관을 들이는 것이 좋다.
– **녹음기** 개구리 소리를 담거나 현장 상황을 녹음한 뒤 정리할 때 쓴다.
– **카메라** 물뭍동물의 모습과 움직임을 사진에 담는다.
– **비닐 봉지** 기르며 살펴보기 위해 개구리나 알을 건져 올 때 쓴다. 여러 장 가져가서 생물들을 종류와 크기에 따라 나눠서 담는다.
– **손전등** 밤에 생물을 찾아볼 때 쓴다. 물가에서는 미끄러져 다치기 쉬우므로 조심한다.
– **비옷** 비 오는 날에 개구리들이 많다. 이런 날에는 비옷을 꼭 챙긴다. 여름에도 비를 오래 맞으면 체온이 떨어지므로 주의한다.
– **낚싯대** 낮에 개구리를 잡을 때 쓴다.
– **족대와 바지장화** 물에 들어가서 개구리나 올챙이를 건질 때 쓴다.

찾기

– **사진 찍기** 개구리들은 다가가면 잽싸게 도망치므로 천천히 다가간다.
– **손으로 잡기** 낮에는 손으로 잡는 것이 쉽지 않다.
– **낚시질** 물고기처럼 개구리들을 속여서 잡을 수 있다.
– **소리 듣기** 개구리들이 많이 모이는 곳은 소리로 찾는다. 봄, 여름에 가능한 방법이다.
– **사체로 찾기** 길에서 개구리와 도롱뇽, 뱀의 사체가 많이 보인다. 이런 곳 주변에서 물뭍동물이 많이 사는 곳을 찾을 수 있다.
– **물에서 찾기** 족대로 물 속에 숨어 있는 동물들을 찾는다.
– **동네 주변에서 찾기** 많은 물뭍동물이 가까운 곳에 살고 있다. 도시에도 많으므로 늘 관심을 갖고 이곳 저곳 살핀다.

기르기

- **꾸미기** 먼저 무엇을 기를 것인지 고른다. 올챙이를 기를 것인지, 다 큰 개구리들을 기를 것인지에 따라 어항 꾸미기가 달라진다. 올챙이를 기르려면 물고기 기를 때와 비슷하게 꾸미는 것이 좋지만, 개구리를 기르려면 물 밖에 나와서 쉴 곳을 만들어 줘야 한다. 개구리들은 잘 놀라서 뛰다가 다치기 쉬우므로 날카로운 것들을 두지 말고, 도망치지 못하게 할 방법도 생각한다.

- **먹이 주기** 올챙이들은 처음에 풀이나 밥 찌꺼기로 기르다가 좀더 자라면 멸치나 물고기 가루 같은 동물성 먹이를 함께 줘야 한다. 개구리들은 살아 있는 먹이만 먹으므로 거미나 파리 따위를 산 채로 잡아 준다. 요즘은 물뭍동물이나 길동물을 기르는 사람이 많아 먹이 곤충(밀웜이나 귀뚜라미)을 사다 주어도 된다.

- **먹이 붙임** 개구리 기르기는 먹이 붙임이 중요하다. 먹이 붙임이란 먹이를 잘 받아 먹도록 길들이는 일이다. 먹이를 먹지 않고 마르는 것 같으면 놓아 주는 것이 좋다. 하지만 먹이를 바꿔 주는 것도 생각해 볼 만하다.

- **물갈이** 한두 달에 한 번 정도 물갈이하는 것이 좋지만 때에 따라서 물갈이 주기를 맞추면 된다. 물갈이하는 것이 물뭍동물에게 스트레스가 될 수 있으므로 물 온도를 물갈이 이전과 맞춰 주는 것이 좋다. 물갈이 때 도망치거나 다치기 쉬우므로 조심스럽게 다룬다.
- **움직임 살피기** 동물들이 알 수 없는 움직임을 보이면 곧바로 왜 그러는지 살펴본다. 어디가 아픈지, 먹이를 잘 먹는지, 물은 썩지 않았는지 따위를 살펴서 그에 맞게 바로잡는다. 기르면서 일어나는 일들을 적어 두고 사진 찍어 두면 이런 때 도움이 된다.
- **정보 나누기** 요즘은 인터넷으로 많은 정보를 얻을 수 있다. 사람들끼리 정보를 나누며 사는 꼴과 기르기에 대한 정보를 얻고, 기르는 동물에 대한 이해도 넓힌다.
- **마무리** 올챙이는 알려진 것처럼 뒷다리는 같이 나오지만 앞다리는 하나씩 따로 나온다. 올챙이의 앞다리가 다 나오면 개구리로 보면 된다. 이 때가 가까울수록 물에 빠져 죽지 않고 언제든 물 밖에 나올 수 있도록 물 높이를 가능한 한 낮춰 준다. 이 무렵의 어린 개구리는 기르기 까다로우므로 살던 곳으로 돌려 보낸다.

우리 나라에 사는
물뭍동물

□ 올라붙은 한 쌍. 울음주머니는
뺨겉울음주머니 한 쌍이다.(위)
□ 풀빛을 띠는 개체. 참개구리의
몸빛은 개체마다 다르다.(왼쪽)
□ 가운데 줄무늬가 보이지 않는
작은 개체.(오른쪽)

참개구리

'논개구리'라고도 부른다. 흔히 암컷은 흰 바탕에
크고 검은 점 무늬가 있으며, 수컷은 누런빛과 푸른
빛을 띤다. 눈과 눈 사이에 있는 가운데 줄무늬가
가장 큰 특징이다. 커다란 알 덩이에 알을 1800~
3000개 낳는다. 국제자연보전연맹(IUCN)에 준 멸
종 위기종으로 올라 있다.

개구리목 개구리과

몸 길이 6~9cm
사는 곳 물가, 풀숲
먹이 곤충, 지렁이,
　　　물고기, 거미
알 낳는 때 4월 초~
　　　6월 초
알 낳는 곳 논, 저수지, 못

1 밝은 풀빛을 띠는 수컷.
2 흰 바탕에 검은 무늬가 있는
   암컷.
3 옅은 풀빛을 띠는 수컷.
4 암컷. 초여름 무렵 논밭을
   지날 때 갑자기 튀어나오는
   개구리는 대부분 참개구리다.
5 앞에서 본 모습.
   가운데 줄무늬가 뚜렷하다.

1 알 덩이. 달라붙지 않고 푹 퍼졌다.
2 깨어나는 알들.
3 올챙이. 참개구리의 특징인 몸 가운데 줄무늬가 올챙이 때부터 나타난다.
4 막 올챙이에서 벗어난 어린 참개구리(위)와 청개구리(아래). 참개구리 올챙이는 청개구리 올챙이보다 크다.
5 막 올챙이에서 벗어난 어린 황소개구리(위)와 참개구리(아래). 참개구리 올챙이는 황소개구리 올챙이보다 작다.

6 좀개구리밥 사이로 머리만 내밀어서 눈에 띄지 않는다. 7 두꺼비 등을 올라타려고 하는 수컷. 8 죽은 참개구리를 먹는 지네. 9 지렁이를 먹는 참개구리.

1 참개구리 똥. 자세히 보면
  곤충의 껍질이 보인다.
2 흙 속에서 겨울을 난다.
3 참붕어를 먹는 참개구리.
  이처럼 가끔 민물고기를
  잡아먹기도 한다.

□ 울음주머니는 없지만
작은 소리를 낸다.(위)
□ 부들이나 개구리밥 따위 물풀이
우거진 곳에 숨는다.(왼쪽)
□ 물가를 떠나는 일이
거의 없다.(오른쪽)

개구리목 개구리과

몸 길이 6cm
사는 곳 습지
먹이 곤충, 거미
알 낳는 때 5월 중순~
7월 중순
알 낳는 곳 서해안 습지

금개구리

우리 나라 고유종으로, 설화에 나오거나 양산 통도
사의 지장암 바위굴에 나타난다는 금개구리(금와)
와는 전혀 관계 없다. 눈 양 옆으로 금줄이 있을 뿐
금빛도 아니다. 참개구리를 닮았으나 그기가 작고,
두 눈 사이에 가운데 줄무늬가 없다. 알의 개수는
밝혀지지 않았다. 멸종 위기종 2급이다.

1 올챙이 때도 금줄이 있다. 2 올챙이 상태를 막 벗어난 개체. 3·4 크기가 작은 개체.

▫ 옆에서 본 모습. 잘 뛰고 가파른 곳도 쉽게 오른다.(위)
▫ 앞에서 본 모습. 예전에는 사람들이 겨울에 많이 잡아먹었으나 요즘은 법으로 막고 있다.(아래)

개구리목 개구리과	

몸 길이	6~7cm
사는 곳	완만한 산
먹이	곤충, 거미, 지렁이
알 낳는 때	2월 말~ 5월 초
알 낳는 곳	개울가의 논, 웅덩이

북방산개구리

이른 봄에 개울 옆 논과 웅덩이에서 알 덩이를 쉽게 볼 수 있고, 수컷들이 무리지어 내는 소리를 들을 수도 있다. 울음주머니는 뺨속울음주머니 한 쌍이다. 북방산개구리와 계곡산개구리는 생김새가 거의 비슷하다. 산개구리들은 모두 물 속이나 개울가, 습지에서 겨울잠을 잔다.

47

1 알 낳을 무렵의 북방산개구리. 2 올라붙은 한 쌍. 3 알 덩이. 알은 보통 1500개 이상 낳는다. 4 갓난탈 5 올챙이 떼. 큰 무리를 짓는다.

48

6 먹이가 모자라면 힘이 없거나 죽어 가는 동료를 먹기도 한다. 7·8 막 올챙이 상태를 벗어나는 모습. 9 죽은 북방 산개구리를 먹는 민달팽이들.

□ 울음주머니가 없지만
  소리를 낸다.(위)
□ 북방산개구리와 닮았다.(왼쪽)
□ 올라붙기(오른쪽)

계곡산개구리

북방산개구리와 비슷하게 생겼지만 북방산개구리
보다 높고 가파른 산의 계곡에서 산다. 계곡산개구
리는 계곡물 바닥에 알 덩이를 낳아 붙이지만, 북방
산개구리는 개울 옆 웅덩이에 바닥에 붙지 않는 알
덩이를 낳는다. 울음주머니가 없으며, 뒷발가락의
물갈퀴 생김새가 북방산개구리와 다르다.

개구리목 개구리과

몸 길이 6~7cm
사는 곳 가파르고
          높은 산의 계곡
먹이 곤충, 거미
알 낳을 때 3월 말~
          5월 중순
알 낳는 곳 물 속 바닥

50

1 죽은 암컷은 북방산개구리, 올라붙은 것은 계곡산개구리다.
2 아래쪽이 계곡산개구리, 위쪽이 북방산개구리다.
3 떠내려가지 않도록 계곡 바닥에 낳아 붙인 알.
4 돌에 달라붙은 알 덩이.
5 5 갓난탈

□ 울음주머니가 없지만
　작은 소리를 낸다.(위)
□ 위에서 본 모습.(왼쪽)
□ 올라붙은 한 쌍.(오른쪽)

한국산개구리

우리 나라 고유종이다. 북방산개구리보다 낮은 곳
에 살지만 함께 보이기도 한다. 입술선이 하얘서 다
른 산개구리들과 쉽게 가름할 수 있다. 북방산개구
리와 비슷한 때 알을 낳지만, 북방산개구리 올챙이
보다 빨리 개구리 모습으로 바뀌어 뭍에 오른다.

개구리목 개구리과

몸 길이 2~3cm
사는 곳 산기슭
먹이 곤충, 거미
알 낳는 때 2월 말~
　　　　　4월 말
알 낳는 곳 도랑, 논,
　　　　　웅덩이

1 알 덩이가 북방산개구리(지름 15~20cm)보다 훨씬 작다(지름 7~10cm). 2 말라붙는 알 덩이. 3 알 덩이 옆에서 엉뚱하게도 죽은 붕어에 올라붙은 수컷. 4 이제 막 올챙이에서 개구리로 바뀐 개체.

1 · 2 · 3 작은 개체들. 4 등뼈가 흰 한국산개구리.

5 붉은색을 띠는 개체.

□ 목속울음주머니가 있으며,
작은 소리를 낸다.(위)
□ 올라붙은 한 쌍.(왼쪽)
□ 흐느적거리는 알 덩이를
물풀에 붙인다.(오른쪽)

옴개구리

몸에 오톨도톨한 도드라기가 많다. 개울과 강가, 저수지에서 흔히 만날 수 있다. 올챙이로 겨울을 나는 모습이 눈에 띄는 것으로 보아 알려진 것보다 늦게까지 알을 낳는 것으로 추측된다. 올챙이는 참개구리 올챙이만큼이나 크게 자란다. 겨울을 물 속에서 보내는데, 독이 있으므로 먹어서는 안 된다.

개구리목 개구리과

몸 길이 4~6cm
사는 곳 저수지, 강가,
　　　　　 개울가
먹이 곤충, 거미, 지렁이
알 낳는 때 4월 말~
　　　　　　 7월
알 낳는 곳 못, 저수지

1 올챙이 2 올챙이에서 막 탈바꿈한 모습. 3 올챙이로 자라는 가운데 눈 뒤로 까만 점이 하나씩 박혀서 '네눈박이'처럼 보이는 때가 있다. 4 음개구리 올챙이(왼쪽)와 참개구리 올챙이(오른쪽).

- 목속울음주머니로 우렁차게 운다.(위)
- 우리 나라 개구리 가운데 가장 크다.(왼쪽)
- 이제는 생태계에 크게 문제를 끼치지 않는다.(오른쪽)

황소개구리

본래 미국에서 살던 것을 식용으로 들여 온 종이다. 우리 나라에 사는 개구리 가운데 덩치가 가장 크고 소리도 우렁차다. 한때 너무 많아져서 문제가 되었으나 지금은 문제 되지 않을 만큼 수가 줄었다. 따뜻하고 낮은 지대에 살며, 지저분한 물에서도 잘 견딘다. 둥근 알 덩이에 알을 1만 개 이상 낳는다.

개구리목 개구리과

몸 길이 12~20cm
사는 곳 강과 내, 저수지
먹이 물살이 동물
알 낳는 때 4월 중순~
　　　　　　 7월 초
알 낳는 곳 습지

1 물고기를 삼킨다.
2 올챙이 모습으로도 오랫동안
  크게 자란다.
3 올챙이를 막 벗어난 개체.
4 올챙이에서 막 벗어나 뭍으로
  오른다.
5 어린 것.

□ 목걸음울음주머니로 우리에게
   익숙한 소리를 낸다.(위)
□ 앞에서 본 모습.(왼쪽)
□ 올라붙기(오른쪽)

청개구리

갖가지 환경 조건에 잘 적응해 사는 종류다. 청개구리는 주변 빛깔에 따라 몸빛을 여러 가지로 바꾼다. 발가락 끝이 나무나 바위를 타기에 알맞아 아무 곳에나 잘 오른다. 그래서인지 영어권에서는 청개구리 무리를 '나무개구리(Tree Frog)' 라고 부른다. 수컷은 덩치에 어울리지 않게 큰 소리로 울어 댄다.

개구리목 청개구리과

몸 길이 2.5~4cm
사는 곳 논밭, 숲
먹이 거미, 애벌레
알 낳는 때 4월 중순~
          7월 초
알 낳는 곳 논, 못,
          작은 웅덩이

1 알은 보통 200~350개 넣으며, 작은 알 덩이들을 물풀 여기저기에 붙인다. 2 알 속에서 자라는 모습. 3 갓난탈 4 올챙이 5 막 뭍으로 올라온 작은 개체.

1·2·3·4·5 잿빛과 옅은 풀빛을 띠는 청개구리. 몸빛은 천천히 바뀐다. 6 땅 속에 모여 쉬는 모습. 청개구리들은 땅 속에서 겨울을 난다. 7 어디에나 잘 오른다.

□ 모를 붙잡고 우는 앞모습. (위)
□ 네 발로 모를 잡고 있는 뒷모습. (아래)

개구리목 청개구리과

몸 길이 2.4~4cm
사는 곳 논밭
먹이 각종 벌레
알 낳는 때 5월 중순~
6월
알 낳는 곳 논, 못 따위

수원청개구리

우리 나라 고유종으로 1980년 일본 학자 구라모토가 수원에서 발견했다. 수원청개구리는 짝짓기 때가 되면 모나 풀을 네 발로 잡고 우는데, '꽥꽥' 하고 높은 소리를 내는 청개구리와 달리 '윙- 잉-' 하고 낮은 소리로 운다. 청개구리와 울음소리로 쉽게 구별할 수 있지만, 모습으로 가름하기는 쉽지 않다.

63

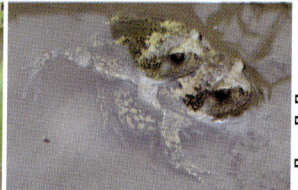

□ 올라붙은 맹꽁이.(위)
□ 풀숲에 숨어 지내서 모습을
　보기 어렵다.(왼쪽)
□ 목겉울음주머니가 있고,
　큰 소리로 운다.(오른쪽)

맹꽁이

장마가 올 무렵 지저분하고 물도 조금씩 고였다 말
았다 하는 곳이나, 갑자기 비가 와서 생긴 웅덩이
주변의 풀숲에 숨어서 큰 소리로 운다. 알에서 어린
맹꽁이가 되기까지 한 달도 걸리지 않는다. 알 낳기
를 마치면 땅 속으로 숨는데, 그 뒤 어떻게 살아가
는지 알려지지 않았다. 멸종 위기종 2급이다.

개구리목 맹꽁이과

몸 길이 4~5cm
사는 곳 마을 언저리
먹이 곤충, 지렁이
알 낳는 때 5월 말~
　　　　　　7월 초
알 낳는 곳 웅덩이,
　　　　　　도랑, 논

1 알은 보통 1500개 이상 낳으며, 많을 때는 3000개가 넘기도 한다. 알들은 덩이를 이루지 않고 물 위에 퍼져 있다.
2 발생이 일어나는 알들. 개구리 알들은 생물이 알에서 어떻게 자라는지 살펴보는 데 좋다.　3 물 위에 넓게 퍼져 있는 알들.　4 갓난탈

1 올챙이들은 몸통이 둥글고 납작하며, 눈이 가장자리에 붙었다.   2 어린 맹꽁이들이 뭍에 올라온 모습.   3 맹꽁이 올챙이(위)와 청개구리 올챙이(아래).   4 맹꽁이가 알 낳으러 즐겨 찾는 곳.

□ 울음주머니가 없고, 작은 소리를 낸다.

개구리목 무당개구리과	
몸 길이	4~5cm
사는 곳	산 언저리, 개울가
먹이	곤충
알 낳는 때	4~6월
알 낳는 곳	산 중턱의 웅덩이, 못, 논

무당개구리

무당개구리과에 딸린 종이다. '고추개구리', '비단 개구리'라고도 불린다. 갑자기 위협을 받으면 붉은 빛을 띠는 배를 드러내서 독이 있음을 알리기도 한다. 등 빛깔이 여러 가지지만 청개구리처럼 몸빛을 바꾸는 것은 아니다.

1 배의 검고 붉은 무늬가 특징이다. 2 참개구리 알 덩이와 무당개구리. 이런 모습 때문에 참개구리나 북방산개구리 알 덩이를 무당개구리의 것으로 잘못 알 때가 있다. 3·4 무당개구리는 알을 물 속에 있는 나무나 풀뿌리, 나뭇잎 따위에 몇 개씩 낳아 붙인다.

5 올챙이에서 다 자란 무당개구리의 무늬가 보인다. 6 막 어린 무당개구리로 탈바꿈한 모습. 7 갓 탈바꿈한 무당개구리의 등 무늬는 얼마 안 가서 풀빛으로 바뀐다. 8 풀빛으로 바뀐 모습. 배의 검붉은 무늬도 이 무렵에 뚜렷해진다.

1 검은빛을 띠는 개체. 2 등이 밤빛을 띠는 개체들은 강원도 밖에서 많이 보인다. 3 몸이 납작하고, 청개구리만큼은
아니지만 어디든 잘 기어오른다. 4 가장 흔한 빛깔. 강원도에서는 흔히 풀빛을 띤다.

5·6 붉은 배를 드러내 경고한다. 7 참구리에 올라붙은 수컷. 개구리 수컷들은 곧잘 다른 종류에 올라붙기도 한다.
8 수컷이 올라붙은 이 참개구리는 무당개구리의 독 때문에 죽고 말았다.

□ 수컷. 우리 나라에 사는 물뭍동물 가운데 외국에서 들여 온 황소개구리 다음으로 몸집이 크다.

두꺼비

몸이 울퉁불퉁하고 거죽이 꽤 뻣뻣하다. 낮에는 구멍이나 풀숲에 숨었다가 밤이 되면 열심히 돌아다니며 먹이를 잡아먹는다. 아주 작은 소리로 '삑삑-삑삑-'하고 운다. 어린 두꺼비는 5월 말에서 6월에 비가 오거나 궂은 날에 떼지어 물 밖으로 나온다.

개구리목 두꺼비과

몸 길이 6~12cm
사는 곳 마을, 풀숲
먹이 곤충, 지렁이,
　　　 달팽이
알 낳는 때 3월 초~
　　　　　 4월 초
알 낳는 곳 웅덩이, 못,
　　　　　 늪, 저수지

1 암컷. 울음주머니가 없지만 작은 소리를 낸다. 2 몸빛이 다른 두 마리. 3 올라붙은 두꺼비. 넓은 곳에 알 낳기를 좋아한다.

1 긴 끈처럼 생긴 알 덩이. 알은 보통 수천 개 낳는다. 2 두꺼비가 알을 낳은 논. 3 다른 종류들과 달리 올챙이 때 함께 움직이고 서로 잡아먹지 않는다. 4 죽은 참개구리를 먹는 올챙이 떼. 5 올챙이 떼가 먹고 남긴 밑자개. 죽은 밑 자개의 살이 흐물흐물해지자 뼈만 남기고 모두 먹어 치웠다.

6 북방산개구리 올챙이와 함께 있는 두꺼비 올챙이들. 몸빛과 크기, 성질이 다르다. 7 두꺼비 올챙이는 다른 올챙이들과 달리 흐리거나 비 오는 날 떼지어 뭍으로 오른다. 8 뭍에 오른 올챙이 떼. 9 허파로 숨을 쉰 뒤 곧바로 뭍에 올라오지 못해 물 속에서 죽는 어린 두꺼비들도 있다. 10 작은 개구리들을 건드리면 이렇게 죽은 척하기도 한다.

1 땅 속에서 겨울을 난다.　2 이른 봄에 짝 지어 알을 낳으러 간다.　3 서로 암컷에게 올라붙으려고 싸우는 수컷들.

4 수컷 한 마리가 암컷 배 쪽으로 붙었다. 5 수컷 여러 마리가 올라붙기 하려다가 암컷이 죽는 경우가 있다. 6 올라
붙기 한 채로 길을 건너다가 차에 치여 죽기도 한다.

□ 암컷. 수컷에는 없는 끝이 뾰족하고 자잘한 도드라기가 많다.

물두꺼비

개구리목 두꺼비과

두꺼비와 닮았지만 훨씬 작고 납작하며, 상대적으로 다리는 길어 보인다. 참개구리나 북방산개구리와 달리 뜀뛰기는 잘 못한다. 놀라지 않으면 두꺼비처럼 어기적거리며 다닌다. 몸은 붉은빛에서 거무스름한 빛까지 다양하지만, 잿빛이나 밤빛에 가까운 것들이 많이 보인다.

몸 길이 4~6cm
사는 곳 높은 산의 계곡가
먹이 곤충, 지렁이
알 놓는 때 4월
알 놓는 곳 개울

1 수컷. 울음주머니가 없으며, 작은 소리로 두꺼비처럼 '삑삑' 운다. 2 암컷. 뒷다리의 물갈퀴가 두꺼비보다 발달되었다. 3 붉은빛을 띠는 암컷. 이듬해 4월에 1000개 안팎의 알을 낳으며, 알 덩이는 긴 끈처럼 생겼다.

1 겨울에 올라붙기 한 채로 개울 밑에서 보내기도 한다. 2 9월에 수컷이 암컷 등에 올라붙는다. 수컷이 붉은빛을 띠기도 한다. 3 물 속에 숨은 암컷. 등 가운데 머리에서 다리 쪽으로 줄이 있는 것들이 많다.

□ 물두꺼비 알(위)과 물두꺼비 올챙이(아래)

■ 도롱뇽은 소리를 내지 않기 때문에
알 덩이를 보고 찾는 게 쉽다.(위)
■ 몸빛이 검은 개체.(아래)

도롱뇽

아래턱이빨이 31~36개 있으며, 꼬리뼈는 26~30개
로 사는 곳에 따라 다르게 나타난다. 예전에는 도롱
뇽 알 덩이를 먹기도 했지만 요즘은 법으로 막고 있
다. 알에서 깬 갓난탈도 다 자란 도롱뇽처럼 작은
동물을 잡아먹으며, 먹을 것이 모자라면 서로 잡아
먹기도 한다.

도롱뇽목 도롱뇽과

몸 길이 7~12cm
사는 곳 축축한 숲
먹이 거미, 곤충, 지렁이
알 낳는 때 2월 중순~
　　　　　5월 중순
알 낳는 곳 개울, 산기슭,
　　　　　논도랑

□ 앞에서 본 모습이 귀엽다.(위)
□ 몸빛이 누런 개체.(아래)

1 둥그렇게 말린 알주머니 2개를 물 가장자리 바닥에 붙이는데, 하나에 알이 25~50개 들어 있다. 2 물이 말라 밖으로 드러난 알주머니. 3 깨어난 지 얼마 안 된 갓난탈. 4 과천(왼쪽)과 창녕(오른쪽)에서 건진 것으로, 몸빛과 생김새가 뚜렷이 다르다.

5·6 빛깔이 다른 도롱뇽 어린 개체.

▫ 우리 나라 고유종으로 제주도와 서남해안의 가까운 섬, 변산반도에 산다.(위)
▫ 낮에는 축축한 나무 밑에 숨었다가 밤에 나다닌다.(아래)

제주도롱뇽

아래턱이빨이 37~42개다. 맑은 계곡물이나 작은
웅덩이 바닥에 속이 비치고 둥그렇게 말린 알주머
니 두 개를 낳아 붙이며, 경우에 따라 물풀이나 돌
에 붙이기도 한다. 알주머니에 보통 알이 25~50개
들어 있으며, 2~4주 안에 알에서 깨어나 6월 말~
8월 말이면 다 자란다.

도롱뇽목 도롱뇽과

몸 길이 7~12cm
사는 곳 제주도,
　　　　 서남해 반도
먹이 거미, 곤충, 지렁이
알 낳는 때 2~4월
알 낳는 곳 계곡, 산지의
　　　　　 논도랑

1 돌 밑에 숨었다. 국제자연보전연맹 붉은 목록에 정보 부족종으로 올라 있다. 2·3 알주머니

□ 알은 보통 50~100개 낳는다.

고리도롱뇽

우리 나라 고유종이며, 꼬리뼈가 25~26개로 도롱
뇽이나 제주도롱뇽보다 적다. 경남 고리에서 처음
보였고, 몇 해 전부터는 다른 곳에서도 눈에 띈다.
둥그렇게 말린 알주머니를 작은 웅덩이나 논 따위
의 물 속 나뭇가지에 낳아 붙인다. 경우에 따라 물
풀이나 돌에도 붙이고, 2~4주 안에 깨어난다.

도롱뇽목 도롱뇽과

몸 길이 7~12cm
사는 곳 부산시 기장군
먹이 거미, 곤충, 지렁이
알 낳는 때 2월 말~
4월 말
알 낳는 곳 개울, 산지의
논도랑

1 작은 곤충 따위를
  잡아먹고 산다.
2 경남 고리에서 처음
  찾아 냈다. 생대는 밝혀지지
  않은 부분이 많다.
3 · 4 알주머니 곁에 머무른다.
5 둥그렇게 말린 알주머니.

□ 다른 도롱뇽에 비해 다 자랐을 때의 크기가 작은 편이다.

이끼도롱뇽

작은 곤충 따위를 잡아먹는다. 다른 도롱뇽들과 달리 꼬리를 움직여서 뛰기도 한다. 2004년에 미국인 스티븐 카슨이 찾아 낸 종으로, 미주도롱뇽과 (Plethodontidae)에 딸린 종류를 아시아에서 찾아 내기는 처음이다. 아직 어떻게 사는지는 속속들이 밝혀지지 않았다.

도롱뇽목 미주도롱뇽과

몸 길이 5~7cm
사는 곳 계곡가 돌 밑
먹이 작은 곤충
알 낳는 때 밝혀지지
않음
알 낳는 곳 밝혀지지
않음

1 물가에서 떨어진 곳에서 모습을 보인다. 2 위에서 본 모습. 3 머리 4 어린 개체의 크기.

□ 꼬리치레도롱뇽속에는
  우리 나라와 일본에 각각 사는
  2종이 전부다.(위)
□ 계곡과 그 주변에 산다.(왼쪽)
□ 도롱뇽보다 몸이
  호리호리하다.(오른쪽)

꼬리치레도롱뇽

미주도롱뇽과를 빼고 허파가 없는 도롱뇽은 꼬리치레도롱뇽속에 딸린 두 종뿐이다. 도롱뇽보다 늦게 알을 낳으며, 알에서 깨어나기까지 여섯 달이나 걸린다. 알주머니 두 개를 낳아서 물 속 바위나 나뭇가지에 붙인다. 원통 모양의 알주머니에는 열 개 이하의 알이 들어 있다.

도롱뇽목 도롱뇽과

몸 길이 15~23cm
사는 곳 높은 산의
          축축하고
          그늘진 숲
먹이 거미, 애벌레,
        지렁이
알 낳는 때 5~7월
알 낳는 곳 물이 찬 계곡

1 눈이 툭 불거졌다. 2 암컷의 뒷발. 3 갓난탈일 때 발가락 끝이 까맣게 칠한 것처럼 보이며, 몸빛이 아름답다.

1 괴롭히면 몸에서 매우 끈끈한 액체가 나온다.   2·3·4 갓난탈. 무늬가 다른 것도 있다.

길 동물

기어 다니는 길동물

우리 나라의 길동물

기어 다니는
길동물

길동물이란?

길동물은 바깥 온도에 따라 체온이 달라지는 찬피동물이기 때문에 아주 높거나 낮은 온도는 피해서 산다. 비늘이나 딱지로 덮여 있으며, 허파로 숨을 쉬는 등뼈동물이다. 자라면서 허물벗기를 하는데, 뱀처럼 온몸을 한 허물로 벗는 경우와 도마뱀이나 거북처럼 여러 조각으로 벗는 경우가 있다. 털이나 깃털, 젖샘은 없고, 알로 나오거나 어미 몸 속에서 얼마쯤 자란 뒤에 태어나며, 씨눈(embryo)은 새나 등뼈동물과 마찬가지로 '모래집'이라는 특수한 막에 싸여 있다.

길동물의 생식기는 똥과 오줌을 내보내는 구실도 하는 구멍(총배설강, cloaca)으로, 이는 젖먹이동물에서 똥구멍과 바깥 생식기를 뭉뚱그린 것과 같다. 아가미가 없는 길동물은 물뭍동물과 달리 뭍에서 태어나고, 올챙이가 개구리로 변하는 것과 같은 탈바꿈을 하지 않는다. 염통은 대부분 염통방 둘, 염통집 하나인데, 악어 무리는 염통집이 둘이다.

길동물은 기후만 맞으면 남극을 뺀 모든 뭍과 섬에서 산다. 크기는 몸길이가 2.5cm쯤 되는 작은 도마뱀붙이부터 7m에 이르는 악어, 9m나 되는 뱀까지 다양하며, 바다악어는 무게가 1000kg에 이른다.

길동물은 어릴 때 빠르게 자라다가 차츰 느려지지만 사는 내내 자랄 수

햇볕을 쬐는 대륙유혈목이.

똬리를 트는 살모사.

있다. 그러나 작은 종들은 꼭 그렇지만은 않다. 많은 길동물이 오래 사는 편이며, 악어와 거북들은 더러 100년을 넘게 살기도 한다.

진화론에서는 첫 길동물이 고생대 6기 중 마지막인 석탄기와 중생대 시작인 트라이아스기 사이인 이첩기(약 2억 5000만 년 전)에 나타난 것으로 본다. 또 길동물 가운데 거북 무리가 맨 처음 나타났고, 뱀 무리는 맨 뒤에 나타났다고 본다. 길동물은 크게 도마뱀 무리(3400여 종), 뱀 무리(2400여 종), 거북 무리(240여 종), 악어 무리(23여 종), 옛도마뱀(2종)으로 나뉜다.

 # 길동물의 종류

거북

거북 무리의 얼개와 특징

거북은 등딱지와 배딱지가 있고, 그 안에 머리와 다리, 꼬리를 넣을 수 있다. 이 딱지는 매우 단단한 살갗으로 천적에게서 몸을 지켜 준다. 거북은 이가 없으나 주둥이가 매우 단단하고, 떨림에 매우 빨리 반응하며, 냄새는 잘 맡으나 소리에는 둔하다. 수컷의 생식기는 뱀과 달리 하나이며, 모든 거북 무리가 알을 낳는다. 알을 깨고 나올 때까지 온도에 따라 암수가 정해지며, 알에서 깨어 나오는 날수도 달라진다. 알은 둥글거나 길쭉한 공 모양으로, 칼슘 성분이 포함된 말랑말랑한 껍질로 싸여 있다. 암컷은 보통 알을 낳고 모래나 흙으로 덮으며, 돌보지 않고 떠난다. 우리 나라에는 바다거북 세 종류와 민물거북 세 종류가 산다.

붉은귀거북과 남생이의 다른 점

붉은귀거북은 등딱지에 세로로 도드라진 줄이 하나 있고, 남생이는 세 개

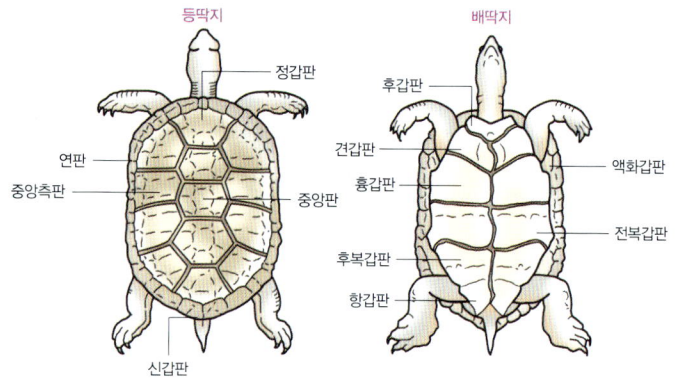

등딱지　　　　　배딱지

정갑판

연판
중앙측판
중앙판
신갑판

후갑판
견갑판
흉갑판
후복갑판
항갑판

액화갑판
전복갑판

거북의 겉 얼개

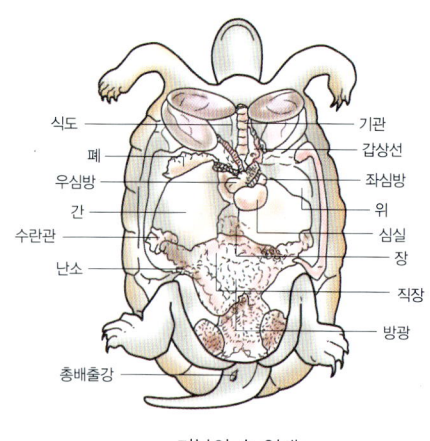

식도
폐
우심방
간
수란관
난소
총배출강

기관
갑상선
좌심방
위
심실
장
직장
방광

거북의 속 얼개

귀 부분이 붉다

귀 부분이 붉지 않다

붉은귀거북과 남생이.

남한산성 계곡에서 발견된 지도거북.

있다. 또 붉은귀거북은 귀 뒤에 붉은 무늬가 있으나, 남생이는 없다. 두 종 모두 몸이 전체적으로 까만 수컷들이 있는데, 이 때는 앞발가락을 보면 된다. 두드러지게 긴 발톱이 있으면 붉은귀거북, 그렇지 않으면 남생이 수컷이다.

그 밖에도 물가에서 이름 모를 거북들을 더러 볼 수 있는데, 중국에서 온 남생이, 미국에서 온 지도거북 등 거의 애완용으로 들여 왔다가 버려진 것들이다. 몇 해 전부터 붉은귀거북 수입을 금지하자 노란배거북, 사향거북 등 민물거북들을 애완용으로 들여 와서 이들도 강이나 냇가에서 눈에 띌 가능성이 높다.

도마뱀

도마뱀 무리의 얼개와 특징

네 다리, 다섯 발가락, 긴 꼬리가 특징이지만, 뱀과 같이 다리가 없는 장님도마뱀류도 있다. 겉은 뱀처럼 비늘로 덮었으나, 눈꺼풀이 있는 것이 뱀과 다르다. 도마뱀의 아래턱뼈는 뱀과 달리 왼쪽과 오른쪽이 붙어 있어 자기보다 큰 먹이를 통째로 삼키지 못한다. 암컷은 종류에 따라 알이나 새끼를 낳는다. 일부 도마뱀 종류는 붙잡히거나 다급할 때 스스로 꼬리를 끊고 도망친다. 우리 나라에는 여섯 종이 살고 있다.

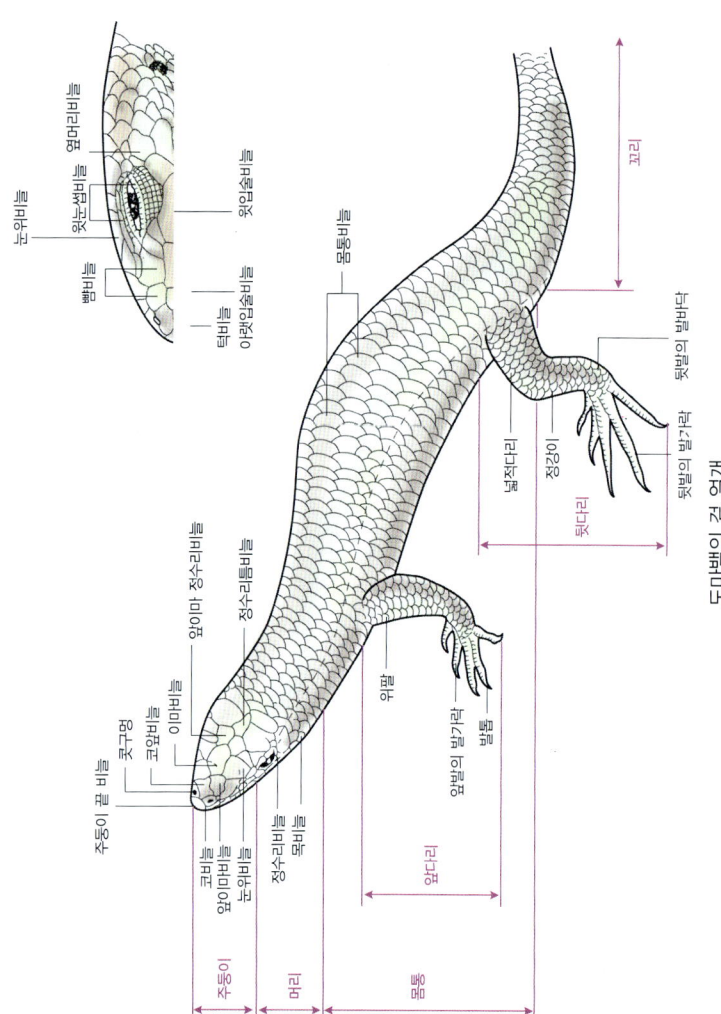

눈위비늘

윗눈썹비늘
뺨비늘
턱비늘

옆머리비늘
윗입술비늘
아랫입술비늘

몸통비늘

꼬리

뒷발의 발가락
뒷발의 발톱

넓적다리
정강이

뒷다리

앞이마 정수리비늘
정수리틈비늘

코구멍
코윗비늘
이마비늘

주둥이 끝 비늘

코비늘
앞이마비늘
눈위비늘

정수리비늘
목비늘

위팔

앞발의 발가락
발톱

앞다리

주둥이
머리
몸통

도마뱀의 겉 얼개

102

도마뱀 무리와 장지뱀 무리의 다른 점

도마뱀 무리인지 장지뱀 무리인지 가려 내는 방법은 배와 뒷다리가 맞닿은 살 부분에 구멍이 있는지 찾아보는 것이다. 도마뱀 무리에는 샅구멍이 없지만, 장지뱀 무리에는 있다. 도마뱀과 북도마뱀의 살갗은 매끈매끈해 기름이 자르르 흐르는 듯하고, 장지뱀 무리의 살갗은 조금 거친 느낌이다. 장지뱀 무리 가운데 사람들이 흔히 만나는 종류는 아무르장지뱀과 줄장지뱀으로, 이들은 꼬리가 몸통보다 길다. 표범장지뱀은 몸에 표범 무늬가 있어서 알아보기 쉽다.

북도마뱀과 도마뱀의 다른 점

북도마뱀은 이제까지 강원도 몇몇 곳에서만 보였으나, 도마뱀은 우리 나라 곳곳에서 눈에 띈다. 그리고 북도마뱀은 새끼를 낳고, 도마뱀은 알을 낳는다. 두 도마뱀을 가려 내기는 쉽다. 북도마뱀의 옆 무늬는 반듯하지만, 도마뱀의 옆 무늬는 제멋대로다.

옆선이 반듯함

옆선이 지저분함

북도마뱀과 도마뱀.

아무르장지뱀과 줄장지뱀의 다른 점

그 동안 '올디장지뱀', '관악장지뱀', '장지뱀'이라고 알려진 것들은 모두 아무르장지뱀과 같은 종류로 밝혀졌다(『환경생태학회지 24(2)』, 2006, 95~101쪽). 따라서 현재 우리 나라에 사는 장지뱀 무리에는 아무르장지뱀과 줄장지뱀, 표범장지뱀 세 종류만 있음이 확

앞다리까지 흰 선이 있거나 없다

눈 밑부터 뒷다리까지 흰 선이 있다

아무르장지뱀과 줄장지뱀.

인된 셈이다. 흰 줄이 뒷다리까지 이어졌으면 줄장지뱀, 앞다리 가까이까지만 있거나 없으면 아무르장지뱀이다. 하지만 개체마다 약간씩 다르므로 또렷이 가려 내기가 어렵다. 가장 또렷하게 가려 내는 방법은 잡아서 뒷다리의 샅 부분에 있는 구멍을 찾아보는 것이다. 줄장지뱀은 한 쌍, 아무르장지뱀은 3~4쌍이 있다. 하지만 어린 개체나 짝짓기 철이 아닌 때는 샅구멍이 잘 발달하지 않아 두 종을 가려 내기 힘들다.

샅구멍이란?

짝짓기 할 때 서로 유인하려고 만들어 내는 화학 물질을 내기 위한 구멍으로, 도마뱀 무리에는 없고 장지뱀 무리에만 있다. 짝짓기 철인 봄에는 샅구멍이 커지고, 둘레가 노란빛을 띤다. 그러나 겨울잠에 들어갈 때가 되면 다시 작아진다. 줄장지뱀에는 한 쌍, 아무르장지뱀에는 3~4쌍, 표범장지뱀에는 11쌍 있다.

줄장지뱀의 샅구멍. 1쌍이 보인다.

아무르장지뱀의 샅구멍. 4쌍이 보인다.

뱀

뱀 무리의 얼개와 특징

뱀은 다리가 없고 비늘이 있으며, 몸이 긴 길동물이다. 모든 뱀은 동물성 먹이를 먹는데, 인대로 이어진 아래턱뼈의 오른쪽과 왼쪽이 자연스럽게 떨어지기 때문에 자기 머리보다 큰 먹이도 쉽게 먹을 수 있다. 날카로운 이는 뒤쪽으로 굽어서 한번 물린 먹이는 벗어날 수 없다.

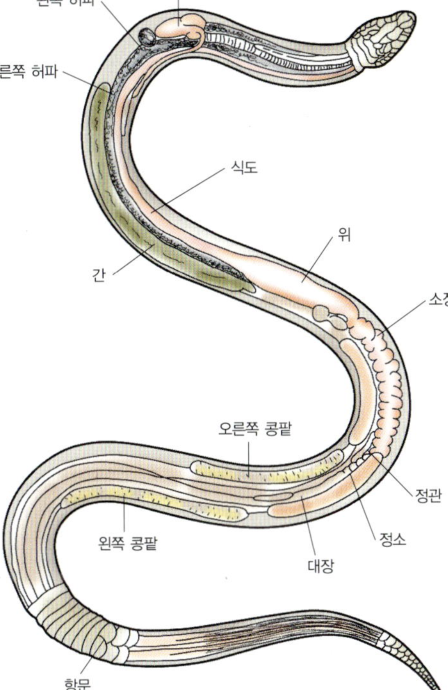

왼쪽 허파　정갑판

오른쪽 허파

식도

위

간

소장

오른쪽 콩팥

정관

왼쪽 콩팥

정소

대장

항문

뱀의 속 얼개

뱀 무리는 한 허물을 벗는다.

바위 틈에 벗어 놓은 뱀 허물.

뱀은 생식기가 1쌍이다.

뱀은 허물을 벗기 열흘쯤 앞서서 눈이 푸른빛을 띠는 잿빛으로 탁해지며, 허물을 벗을 때는 주둥이부터 꼬리까지 이어진 허물을 벗는다. 혀는 길고 두 갈래며, 냄새 맡는 구실을 한다. 틈틈이 혀를 날름거리며 혀끝으로 냄새를 모으고, 입천장에 있는 야콥슨 기관에서 냄새 정보를 분석한다. 수컷은 작은 생식기가 한 쌍 있고, 암컷은 종에 따라 알이나 새끼를 낳는다. 우리 나라에는 바다뱀 두 종과 뭍뱀 열한 종이 산다.

야콥슨 기관이란?

뱀은 코로 냄새를 맡지만 야콥슨 기관을 통해서도 냄새를 잘 맡는다. 뱀이 혀를 날름거리는 까닭은 공기 중의 냄새를 혀에 묻혀 야콥슨 기관에 보내기 위해서다. 이 기관에는 냄새 신경의 끝이 많이 퍼져 있어서 혀끝에 묻혀 온 냄새를 바로 알아 낸다.

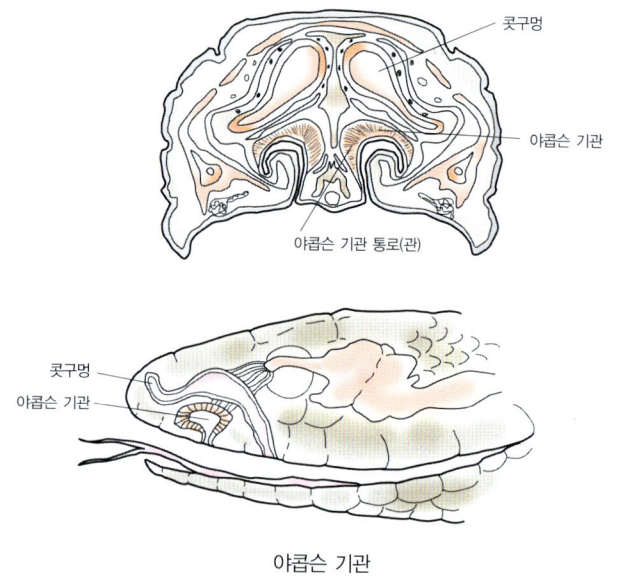

야콥슨 기관

누룩뱀과 무자치 가려 내기

누룩뱀과 무자치는 무늬와 빛깔이 조금씩 달라서 서로 비슷하게 보일 때가 많다. 둘을 또렷이 가려 내려면 혀의 빛깔을 보면 된다. 무자치의 혀는 검은빛, 누룩뱀의 혀는 붉은빛이다.

무자치와 누룩뱀.

살모사 제3의 눈, 피트

살모사류는 눈과 코 사이에 '피트'라는 열 감지 기관이 있다. 피트는 환경 변화는 물론 0.003 ℃의 온도 차이도 감지한다. 피트 때문에 아주 어두운 곳에서도 먹이가 있는 곳을 또렷이 알고 덤빌 수 있다.

눈과 코 사이에 있는 피트.

살모사의 움직이는 독니

살모사 무리는 움직일 수 있는 독니가 있다. 평소에는 긴 독니를 접고 있다가 덤비거나 먹이를 물 때 독니를 펴서 독을 넣는다. 살모사 무리가 쥐를 잡을 때는 우선 냄새를 맡고 쫓는다. 쥐를 찾으면 한 번 물어서 독액을 넣고 다시 놓아

살모사의 움직이는 독니.

준다. 쥐는 돌아다니지만 몸에 서서히 독이 퍼지기 시작하고, 이 때부터 물리기 전과 냄새가 다른 오줌을 조금씩 흘린다. 이렇게 해서 살모사 무

리는 쥐가 그 전에 무수히 남겨 놓았던 냄새와 헷갈리지 않고 자기가 문 쥐의 냄새를 찾아 잡아먹을 수 있다.

우리 나라에 사는 살모사

우리 나라에 사는 살모사 세 종은 무늬와 빛깔이 조금씩 다르지만 언뜻 보아서는 가려 내기 어렵다. 하지만 혀 빛깔과 눈썹줄로 또렷이 가려 낼 수 있다. 쇠살모사는 혀가 다홍빛이고, 눈 뒤에 눈썹줄이 있다. 살모사는 혀가 검고, 눈 뒤에 눈썹줄이 있다. 까치살모사(칠점사)는 혀가 검붉고, 눈 뒤에 눈썹줄이 없다. 제주도에는 쇠살모사만 사는데, 살모사와 비슷해 보이는 것이 특징이다.

우리 나라에 사는 살모사 3종. 왼쪽부터 까치살모사, 살모사, 쇠살모사.

■ 길동물 찾기

준비물

– **망원경** 망원경을 들고 멀리서 살펴본다. 특히 강가나 냇가 돌 위에서 쉬다가도 사람이 다가오면 물 속으로 숨어서 찾기 어려운 거북 무리를 살펴보기에 좋다.
– **장화** 우리 나라에는 습지 언저리나 논에 사는 뱀들이 꽤 많다. 거기에 다 살모사 무리도 많으므로 물리지 않으려면 장화를 신는 것이 좋다.

- **집게와 그물** 살모사 무리처럼 물리면 생명이 위험할 수 있는 종류를 잡을 때 쓴다.
- **투명 채집통** 작은 도마뱀 무리 따위 꼼꼼히 살펴봐야 종을 가려 낼 수 있는 길동물을 잡았을 때 쓴다.
- **필기 도구** 만났던 길동물의 움직임 하나 하나와 느낀 것들을 적어 두면 길동물의 생활을 이해하는 데 도움이 된다.
- **카메라** 길동물의 생김새나 움직임을 찍어 두면 중요한 자료가 된다. 잡아서 살펴보기 어려울 때 사진만 찍어서 가려 낼 수도 있다.
- **도감** 만나는 길동물의 이름을 찾아볼 수 있도록 작은 도감을 가지고 다닌다. 현장에서 확인해야 이름뿐 아니라 느낌도 오래 품을 수 있다.
- **손전등** 밤에 나오는 길동물을 살펴볼 때 쓴다.
- **새참과 물** 길동물을 찾다 보면 지칠 때가 많다. 물과 새참이 힘이 된다.
- **구급약** 넘어지거나 뱀에게 물렸을 때 쓸 밴드, 소염제, 진통제, 물파스 따위를 갖춘다.
- **옷차림** 얇고 긴 옷이 좋으며, 모자를 꼭 쓴다. 준비물을 챙겨 넣을 배낭도 필요하다.

☐ 길동물을 찾아볼 수 있는 곳

논과 논둑 – 유혈목이, 무자치, 누룩뱀

유혈목이, 무자치, 누룩뱀을 찾기 쉽다. 숲과 이어진 논에서는 능구렁이, 쇠살모사, 살모사, 아무르장지뱀, 줄장지뱀 따위도 더러 보인다. 이들은 대부분 논에 사는 개구리 따위를 잡아먹고, 풀을 벤 논둑에서 볕 쬐기를 즐긴다.

묏자리 – 뭍살이 하는 거의 모든 길동물

깊은 숲 언저리 볕 잘 드는 묏자리에 가면 쉽게 길동물을 볼 수 있다. 거북 무리나 무자치, 도마뱀붙이 따위를 뺀 거의 모든 길동물은 양지바른 묏자리에서 볕 쬐기를 즐긴다.

숲과 그 언저리 – 거의 모든 길동물

숲과 그 언저리에서는 거북 무리나 무자치, 도마뱀붙이 따위만 빼고 갖가지 길동물을 볼 수 있다. 길동물은 숲 언저리에서 사냥을 하고, 주로 숲 속 바위 등성이에서 볕을 쬔 뒤 숲 속으로 몸을 숨긴다. 하지만 까치살모사는 대부분 숲 속에서 사냥과 볕 쬐기를 하며 지낸다.

집과 그 주변 – 구렁이, 도마뱀붙이

구렁이는 지난날 집 주변에서 쥐 따위를 잡아먹고 사는 것으로 알려져 왔으나, 오늘날은 마구 잡아서 거의 사라지고 오래 된 시골집이나 절터에서 더러 볼 수 있다. 도마뱀붙이는 밤에 부산의 오래된 시골집이나 가로등 밑에서 볼 수 있다.

강과 강가 – 거의 모든 길동물

강에는 주로 민물거북 무리, 무자
치, 유혈목이, 실뱀 따위가 자주
눈에 띄지만, 그 밖에도 거의 모든
길동물을 찾아볼 수 있다. 강가에
는 갖가지 먹잇감이 있고 숨을 곳
도 많기 때문이다.

바위와 돌무더기 – 거의 모든 길동물

강 중간에 툭 튀어나온 바위에서 볕 쬐는 민물거북 무리를 쉽게 볼 수 있
다. 사람들이 쌓아 놓은 강가 돌 축대나 돌무더기에서는 거의 모든 뱀 무
리가 볕을 쬔다. 숲 속의 돌무더기나 바위는 숲에 사는 뱀들이 볕을 쬐거
나 겨울잠을 자는 곳이다.

모래톱 – 표범장지뱀

바닷가나 큰 강가의 모래톱에서는
사냥과 볕 쬐기를 즐기는 표범장
지뱀을 볼 수 있다. 아주 드물지만
막 깨어나는 거북 무리의 새끼들
과 알을 낳으러 온 거북 무리도 눈
에 띈다.

못, 늪, 저수지 – 남생이, 자라, 붉은귀거북

늘 물이 있고 어지간히 깨끗한 곳이라면 자라와 붉은귀거북을 쉽게 볼 수 있다. 도심의 못에 놓아 준 자라와 붉은귀거북이 사람들의 도움을 받으며 살아가기도 한다.

해발고도에 따른 분포

살모사, 쇠살모사, 까치살모사가 사는 곳을 살펴보면 해발고도에 따라 사는 종류가 다른 것을 알 수 있다. 낮은 곳은 살모사, 좀더 높은 곳은 쇠살모사, 더 높고 깊은 산에는 까치살모사가 산다. 살모사와 쇠살모사 혹은 쇠살모사와

까치살모사가 함께 사는 곳도 있지만, 살모사와 까치살모사가 함께 보이는 곳은 드물다. 또 가장 낮은 곳은 표범장지뱀, 나지막한 둔덕은 줄장지뱀, 조금 높은 산에는 아무르장지뱀과 도마뱀, 북도마뱀이 산다. 하지만 이들이 함께 사는 곳도 있다.

위도에 따른 분포

제주도에는 비바리뱀이 있고, 강원도에는 까치살모사와 먹구렁이가 자주 보인다. 남쪽에서 가끔 보이는 대륙유혈목이, 실뱀, 황구렁이는 북쪽으로 갈수록 거의 보이지 않는다. 바다뱀과 바다거북 무리도 남해안에서 드물게 보이고 번식하기도 하지만, 북쪽에서는 거의 보이지 않는다. 도마뱀도 남쪽으로 가면 많지만 북쪽으로 가면 드물게 보인다. 북도마뱀은 이제까지 강원도에서만 나타났고, 도마뱀붙이는 부산에서만 가끔 보인다.

길동물이 살지 않는 곳

땅이 콘크리트로 덮인 곳, 물이 농약이나 화학 약품 따위로 오염된 곳, 도로 때문에 잘린 좁은 숲 등에는 살지 않는다. 하지만 별다른 문제 없는 조건에서도 특정한 종류가 살지 않을 수 있다. 이는 각 종의 분포 한계선이 있기 때문이다.

길동물이 나타나는 때

봄에서 가을 사이(4~10월)

겨울잠을 자는 길동물은 대부분 초봄에서 늦가을 사이에 나타난다.

따뜻한 봄날

기온이 갑자기 올라간 봄에는 장지뱀 무리, 거북 무리, 뱀 무리 따위가 볕을 쬐는 것을 쉽게 볼 수 있다.

장마철 맑은 날

지루한 장맛비가 온 뒤 햇볕이 들면 매우 많은 길동물을 볼 수 있다. 이때는 거의 모든 길동물이 볕 쬐기를 즐긴다. 어쩌다 밤에만 나다니는 능구렁이도 눈에 띈다.

아침 무렵

한여름이 아니라면 길동물은 맑은 날 오전 9~12시에 가장 많이 보인다. 아침에는 볕을 쬐러 나오지만 몸이 따뜻하지 않다 보니 움직임이 굼떠서 재빨리 도망치지 못한다.

저녁에서 새벽 사이

밤에 나다니는 능구렁이를 낮 동안 데워진 아스팔트 도로에서 가끔 볼 수 있다. 여름철에는 살모사와 도마뱀붙이도 자주 보이고, 뱀들도 가끔 눈에 띈다.

더운 낮

더운 낮에는 길동물이 숨어 있기 때문에 찾기 어렵다. 하지만 작은 도마뱀 무리나 대륙유혈목이를 비롯해서 몇몇 종류들은 볼 수 있다.

늦가을에서 초봄 사이(11~3월)

길동물을 거의 살펴볼 수 없지만, 매우 드물게 겨울철에도 나타날 때가 있다.

바람이 심하게 부는 날

바람이 몹시 부는 날에는 길동물을 거의 찾아볼 수 없다. 온도가 내려가기 때문인 듯하다.

갑자기 온도가 내려간 날

온도가 갑자기 내려가는 날이면 길동물은 먹은 것을 잘 삭이지도 못하고 움직임이 굼뜨다. 이런 날 길동물은 찬 기운을 피할 만한 곳에 숨는다.

비가 오거나 흐린 날

비가 오거나 흐린 날도 온도가 내려가기 때문에 눈에 잘 띄지 않는다. 그러나 개구리를 주로 먹는 유혈목이나 무자치 따위는 개구리의 움직임이 많다는 것을 알기 때문에 사냥하러 나오기도 한다.

길동물의 죽음

길동물이 어떻게 죽는지 살펴보면 이들이 놓인 현실을 이해할 수 있다.

마구 잡아먹음

사람들이 몸에 좋다고 닥치는 대로 잡아먹는다. 아직도 산허리에 뱀 그물이 있는 곳이 눈에 띄며, 뱀이 겨울잠 자는 굴로 보이는 곳을 포클레인으로 마구 파헤쳐 잡기도 한다. 산동네의 건강원에서는 아직까지 몰래 뱀을 사고 팔기도 한다. 더욱이 멸종 위기종인 구렁이도 마구 잡아먹는다. 그런데 정말로 뱀이 몸에 좋을까? 정력에 좋다는 것은 과학적으로 터무니없는 말이다. 자라 또한 마구 잡아먹어 예전보다 수가 많이 줄었다.

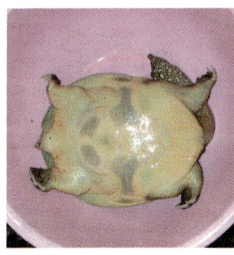

징그럽다고 죽임

뱀이 징그럽다고, 사람을 물어 죽이거나 피해를 줄 수 있다고 여겨 돌이나 막대기, 호미 따위로 마구 때려 죽이거나 짓밟는 사람들이 더러 있다.

천적에게 죽음

- 오소리, 너구리, 멧돼지, 수리부엉이, 수달, 족제비 따위는 뱀을 즐겨
  먹지 않지만 기회가 있다면 잡아먹기도 한다.
- 때까치, 뱀, 족제비 따위는 작은 도마뱀 무리를 잘 잡아먹는다.
- 능구렁이는 살아 움직이는 것이라면 거의 다 먹으며, 뱀도 잘 먹는다.

길에서 죽음

가장 흔한 유혈목이와 밤에 나다
니는 능구렁이가 길에서 많이 죽
는다. 능구렁이는 여름철 아스팔
트 도로 위가 따뜻하다는 것을 알
기 때문에 그 곳에서 몸의 온도를
높이려다 차에 치여 죽는다. 그러나 다른 길동물은 먹이를 찾거나, 알을
낳거나, 짝을 찾거나, 겨울잠을 자러 도로를 건너다가 차에 치여 죽는다.

통로에 빠짐

옛날에는 논도랑이나 계곡이 흙이나
돌로 되어 있었는데, 요즘에는 논도
랑이나 계곡의 배수로가 거의 수직
으로 매우 높은 콘크리트여서 한번
빠지면 올라오지 못해서 죽는다.

116

농약 쓰고, 먹이가 사라짐

농약을 사용함으로써 논에 사는 개구리와 미꾸라지들이 죽는다. 이런 논에서는 개구리와 미꾸라지를 잡아먹는 무자치, 유혈목이 따위가 사라진 지 오래 됐다. 마구잡이 다음으로 뱀이 사라진 가장 큰 까닭이다.

살 곳이 줄어듦

강과 내, 논도랑의 벽이 수직으로 되고, 논밭이나 숲들이 개발과 함께 사라지면서 뱀들이 살아갈 곳이 점점 줄어든다. 구렁이는 양옥이 생기고 집쥐들이 사라지면서 보기 힘들어졌다.

오해로 인한 죽음

천연기념물이자 멸종 위기종인 남생이가 외국에서 들여 온 붉은귀거북으로 잘못 알려져 죽음을 당하는 경우가 가끔 있다.

잘못 알려진 상식

능구렁이는 산이 울릴 정도로 큰 소리를 낸다?

나이 든 분들 중에는 능구렁이가 '우~우~' 하고 산이 울릴 정도로 크게 운다고 믿는 경우가 있다. 그러나 울대가 없는 뱀은 큰 소리를 내지 못한다. 능구렁이는 화가 내면 '쉐~애' 하고 작은 소리를 낼 뿐이다.

살모사 새끼는 어미를 물어 죽인다?

'어미를 물어 죽인다' 는 뜻의 살모사는 실제로 그렇지 않다. 살모사 어미가 새끼를 낳은 뒤 힘이 없어 얌전히 있는 모습을 보고 사람들이 새끼가 어미를 물어 죽인 것으로 착각할 뿐이다.

뱀은 지그재그로 도망치면 따라오지 못한다?

사람은 뱀의 천적 가운데 하나다. 뱀이 사람을 따라올 리 없으며, 혹시 따라온다면 그냥 똑바로 도망쳐도 된다. 우리 나라에 사는 뱀은 아무리 빨라도 어른이 뛰는 것보다 빠르지 않다.

살모사 무리는 뛰면서 공격한다?

살모사는 토끼나 개구리가 아니므로 뛸 수 없다. 몸을 움츠렸다가 앞으로 갑자기 뻗을 수는 있다. 이처럼 몸놀림이 매우 빠르기 때문에 사람들이 뛰는 것으로 잘못 본다.

살모사 무리는 가을에 독이 가장 강하다?

가을에는 겨울잠을 위해 먹이를 많이 먹고 몸 속의 지방을 늘리기 때문에 뱀의 영양 상태가 가장 좋다. 하지만 이렇게 많은 먹이를 사냥하기 위해서는 그만큼 독을 쓸 수밖에 없어 가을에는 오히려 독샘에 독이 적다.

뱀을 불 위에 올려놓으면 다리가 나온다?

수컷 뱀은 생식기가 두 개 있다. 뱀을 불에 올려놓거나 때리면 생식기가 갑자기 튀어나온다. 이것을 보고 다리라고 잘못 생각하는 사람들이 있다.

길동물과 인간의 관계

- 길동물을 몸에 좋다고 술에 넣거나 약으로 쓴다.
- 뱀의 독은 항암제, 응고제, 심장 마비나 뇌졸중 따위의 약으로 쓰이기도 한다.
- 옛날에는 구렁이가 집에서 쥐를 많이 잡아먹어 '집 지킴이' 노릇을 하기도 했다.
- 큰 비단구렁이나 악어의 가죽으로 가방, 지갑 따위를 만들기도 한다.
- 애완용이나 볼 거리로 쓰이기도 한다. 다른 나라에 사는 뱀이나 거북, 도마뱀 따위를 들여 와서 기르거나 전시하기도 한다. 엉뚱하게도 다른 나라에서 기른 우리 나라 구렁이를 거꾸로 들여 와 애완용으로 삼는 일도 있었다.

 # 길동물 기르기

고르기

먼저 무엇을 기를지 고른다. 요즘은 값비싼 카멜레온부터 구하기 쉽고 너무 잘 커서 나중에는 기르기 부담스러운 그린이구아나까지 외국 길동물들이 많이 들어와 있지만, 정작 우리 나라에 사는 길동물을 기르려면 법이 가로막고 있으므로 조심해야 한다. 따라서 굳이 우리 나라 길동물을 기르자고 할 수는 없지만, 몇몇 종류들은 번식시켜서 팔기도 하므로 기르는 것이 불가능해지지는 않다.

꾸미기

뱀이나 도마뱀, 육지거북을 기를 것인지, 민물거북을 기를 것인지에 따라 꾸미기가 달라진다. 민물거북은 어항에서 기르면 되지만 뱀이나 도마뱀이라면 어항이 꼭 알맞지만은 않다. 요즘은 길동물을 기르기에 알맞게 만들어진 통이 나와 있으므로 사서 써도 좋고, 솜씨 좋은 사람이라면 유리를 잘라서 만들어 볼 수도 있다. 그러나 처음부터 도전하기엔 무리일 수 있으므로 너무 욕심 내지는 말자.

민물거북을 기르려면 개구리 기를 때와 비슷하게 꾸미는 것이 좋지만, 거의 뭍에서 사는 뱀이나 도마뱀 따위를 기르려면 조금 달리해야 한다. 기본적으로 어느 종류든지 따뜻한 곳과 쉴 곳을 함께 만들어 주어 몸의 온도를 유지할 수 있도록 돕는다. 또 물통을 넣어 주어 언제든 물을 마실 수 있도록 해야 한다. 물 속에 들어가 쉬는 것을 좋아하는 종도 있으므로 이런 점도 생각해서 꾸미는 것이 바람직하다. 풀과 낙엽, 이끼, 나뭇가지 따위로 아름답게 꾸미되, 다치지 않도록 뾰족한 것들은 없앤다. 도망치지 못하도록 조심하는 것도 잊지 말자.

길동물들은 일부러 놀라게 하지 않으면 공격적이지 않으므로 늘 편안하게 대한다. 볕 쬐기를 대신해서 길동물 전용 전등을 달아 주어야 하며, 전등에 올라타지 않도록 바닥에서 알맞은 높이에 설치한다. 전등의 높이는 길동물의 종류에 따라 고려해야 할 부분이다. 꾸밀 때 관리가 편하도록 나중까지도 생각하면서 꾸미는 것이 좋다. 기르는 사람이 보기에 좋더라도 길동물이 살기에 불편해서는 곤란하다. 길동물 입장에서 편안하게 지낼 수 있는지 생각하면서 꾸며야 한다. 다 꾸며 놓고 기를 동물을 데려오는 것이 좋다.

먹이 주기

민물거북들은 시중에 나온 사료를 잘 먹는 편이니 사다 주면 된다. 날마다 먹이를 조금씩 자주 주되, 물이 지저분해지면 먹이를 잘 먹지 않으므로 물갈이를 한다. 또 온도가 내려가도 먹이를 잘 먹지 않으므로, 이런 때는 날마다 먹이를 주지 말고 한 번 주는 양도 더 줄여야 한다. 민물거북들은 물고기를 잘 먹으므로 더러 멸치 따위를 물에 불려서 먹기 좋게 잘라

주어도 좋다.

　그린이구아나는 야채를 먹지만 주어서는 안 될 것도 있으므로 잘 알아본다. 특히 다른 나라에서 들여 온 종들은 늘 따뜻하게 해주지 않으면 탈이 날 수 있으므로 조심한다.

　살아 있는 먹이만 먹는 도마뱀이나 뱀들은 먹이를 날마다 주지 않아도 된다. 도마뱀들은 밀웜이나 귀뚜라미를 사다 준다. 더러 이것저것 잡아서 먹여 보는 것도 도마뱀들의 습성을 이해하는 데 도움이 된다. 애완용 뱀들의 먹이로는 흔히 얼린 새끼 쥐(핑키)를 쓴다. 잘 녹여서 주면 되지만 살아 있는 것만을 고집하는 경우에는 먹이 붙임이 필요하다. 먹이를 먹는지 살펴보고 먹이를 잘 먹지 않을 때는 병이 났는지, 기생충이 있는지, 조건이 불합리한 면이 있는지 따위를 살핀다. 요즘은 동물병원에서도 진단과 치료를 해 주는 곳들이 있으므로 미리 알아보고 급할 때 도움을 받는다.

먹이 붙임

단지 사람 손에 길들지 않아서 먹이 붙임이 안 된 경우에는 더욱 세심하게 살피고 좋아할 만한 먹이를 찾아 먹여야 한다. 굶어서 금방 죽지는 않기 때문에 마음을 여유롭게 갖는 것이 좋다. 하지만 너무 여유 부리다가 오히려 낭패를 볼 수도 있으므로 늘 관심을 가져야 한다. 온도를 조금 높여 주고 길동물이 편안하도록 신경 써 주는 것이 먹이 붙임에 도움이 된다. 일단 잘 먹는 먹이로 길들이고 나서 차츰 관리하기 편한 먹이로 바꿔간다. 전혀 먹이 붙임이 안 될 때는 과감하게 포기하는 것이 좋다.

물갈이와 청소

민물거북의 경우 물갈이는 물물동물 기를 때처럼 하면 된다. 다른 길동물도 기간을 정해 놓고 청소해서 깨끗하게 기르는 것이 동물들 건강에 좋고 보기에도 좋다.

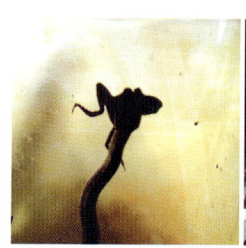

움직임 살피기

동물들이 알 수 없는 움직임을 보이면 곧바로 왜 그러는지 살펴본다. 어디가 아픈지, 먹이를 잘 먹는지, 물은 썩지 않았는지, 토해 놓은 것은 없는지 따위를 살펴 문제를 바로잡는다. 기르면서 일어나는 일들을 적어 두고 사진 찍어 두면 이런 때 도움이 된다.

정보 모으고 나누기

기를 길동물의 생태와 관련된 책이나 자료를 모은다. 어떤 종인지, 무엇을 먹는지, 어디에 사는지, 좋아하는 온도는 몇 도인지, 겨울잠은 자는지, 새끼치기는 어떻게 하는지 따위에 대해서 알아 두고, 되도록이면 앞서 길러본 사람들한테 도움을 받는다. 관심 있는 사람들끼리 정보를 나누며, 사는 꼴과 기르기에 대한 정보를 얻고, 기르는 동물에 대한 이해도 넓힌다.

우리 나라의
길동물

□ 박물관에 있는 붉은바다거북 표본.

붉은바다거북

물 온도가 20℃를 겨우 넘는 바닷가 모래밭에서 알을 낳는 오직 하나뿐인 바다거북이다. 바닷가 모래에 45cm 정도 깊이로 구멍을 파고 2~3차례에 걸쳐 알을 500개쯤 낳는다. 1960년대 부산, 1998년 8월과 2002년 6월 제주에서 알 낳는 것이 관찰되었다. 이처럼 우리 나라에서 알을 낳는 일이 더러 있다.

거북목 바다거북과

몸 길이 70~120cm
사는 곳 동해안,
　　　　　남해안
먹이 해파리, 갑각류
나타나는 때 여름

■ 세계에서 가장 큰 바다거북이다.

거북목 장수거북과

몸 길이 150~250cm
사는 곳 동해안,
남해안
먹이 해파리, 물 위에
떠다니는 동물
나타나는 때 여름

장수거북

온대 기후에 잘 길든 종이지만, 알은 열대와 아열대의 바닷가 지역에서 낳는다. 거북 무리 가운데 가장 넓게 퍼져 살며, 물 깊이 1000m까지 들어가고, 물 온도 5~15℃도 견딜 수 있다. 모래에 1m 깊이로 구멍을 파고 알은 4~5차례에 걸쳐 500개 정도 낳는다. 알을 낳은 곳에서 4800km까지도 옮겨 간다.

◻ 바다거북은 무척 희귀하다.

바다거북

보통 바닷가를 따라 옮겨 가며 물 온도 25℃가 넘는
곳에서 알을 낳는다. 바닷가 모래에 1년 동안 2~4차
례에 걸쳐 알을 300개쯤 낳는다. 알에서 깨어 나오
는 데 걸리는 시간은 48~70일로 온도나 습도에 따라
다르다. 잡식성이고 혼자 살지만, 잘피가 있는 곳에
서는 무리지어 바닷말 따위를 뜯어 먹는다.

거북목 바다거북과

몸 길이 70~120cm
사는 곳 동해안,
　　　　　남해안
먹이 잡식성
나타나는 때 여름

□ 혼자 살며 바닷가를 따라 옮겨 다닌다.(위)
□ 누워서 유영하는 바다거북.(아래)

□ 눈 뒤의 귀 부분이 붉은빛을
  띠는 것이 특징이다.(위)
□ 오염된 물에서도 잘 산다.(왼쪽)
□ 공원에서 기르는
  붉은귀거북.(오른쪽)

붉은귀거북

북미가 원산지인 종으로, 전국의 강과 내, 저수지에 많았으나 요즘 그 숫자가 크게 줄었다. 몇몇 곳에서 더러 알을 낳기도 하지만 수를 불리지는 못한다. 수질이 나쁜 곳에서도 그럭저럭 잘 산다. 다 큰 수컷은 암컷보다 앞발톱이 긴 것이 특징인데, 이 발톱을 암컷에게 뻗어서 짝짓기 하도록 부추긴다.

거북목 남생이과

몸 길이 20~30cm
사는 곳 강과 내,
　　　　　저수지, 댐
먹이 죽은 물고기,
　　　물살이 생물
나타나는 때 봄~가을

□ 암컷. 수컷보다 크고 흔히 밝은 밤빛을 띤다.(위)
□ 수컷. 암컷보다 작고 흔히 검은빛을 띤다.(아래)

거북목 남생이과

몸 길이 20~30cm
사는 곳 강과 내,
    저수지
먹이 죽은 물고기,
    물살이 생물
나타나는 때 봄~가을

남생이

등딱지에 세로로 도드라기가 세 개 있어 붉은귀거북과 잘 가려진다. 괴롭히면 겨드랑이에서 냄새가 난다. 흔히 6~7월에 물가에서 떨어진 밭에 알을 낳는다. 천연기념물 제453호이자, 멸종 위기종 2급이다. 우리 나라 민물거북 중 등딱지가 가장 단단해서 수달 같은 사냥동물들이 쉽게 먹을 수 없다.

129

1 물가로 나온 남생이.
  예전에는 남생이가
  햇볕에 몸을 말리는
  모습이 흔했으나 요즘은
  찾아보기 어렵다.
2 땅 속으로 숨는다.
3 알을 낳는 암컷.
4 남생이 알은 자라 알과
  달리 길쭉하다.
5 어린 남생이.

6 남생이 배. 7 남생이 등딱지뼈. 8 남생이 머리뼈. 9 연한 색을 띠는 암컷.

1 볕을 쬔다. 2 보호색을 띠었다. 3 자라가 지나간 흔적. 4 알에서 깨어난 새끼가 물가로 걸어간 흔적.

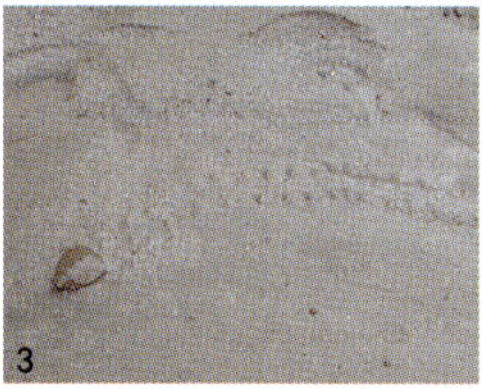

자라

흔히 밤에 먹이를 먹고, 물 속에서 겨울잠을 잔다.
봄에 물 밖으로 나와 짝짓기를 하고, 6~7월에 강과
내의 모래톱에 지름 2cm 정도 되는 알을 2~3차례
낳는다. 30℃ 정도 되는 모래에서 50일쯤 지나면 알
을 깨고 나온다. 움직임이 꽤 빠르고 성질이 예민해
서 개체수가 많음에도 눈에 잘 띄지 않는다.

거북목 자라과

몸 길이 20~40cm
사는 곳 강과 내,
　　　　댐, 저수지
먹이 민물고기,
　　　민물조개
나타나는 때 봄~가을

□ 햇볕을 쬔다.

도마뱀아목 도마뱀과

몸 길이 8~12cm
사는 곳 숲의
　　　　　돌무더기와
　　　　　그 주변, 섬
먹이 곤충, 거미
나타나는 때 봄~가을

도마뱀

봄에 돌 밑에서 자주 보이며, 남쪽으로 내려갈수록 많다. 보통 4월 중순부터 5월 중순에 짝짓기 하고, 7월에 알 5~9개를 썩은 나무에 낳는다. 빠르고 몸이 작아서 개체수가 많음에도 눈에 잘 띄지 않는다. 예전에는 새끼를 낳는 것(난태생)으로 알려져 왔으나, 최근 알을 낳는 것(난생)으로 밝혀졌다.

133

1 위에서 본 모습. 2 알의 크기. 3 한 달 만에 알에서 깨어났다. 4 먹이를 찾는다.

□ 작은 돌에 올라왔다.

도마뱀아목 도마뱀과

몸 길이 8~12cm
사는 곳 강원도 북쪽
　　　　 지역 숲의
　　　　 돌무더기와
　　　　 그 주변
먹이 곤충, 거미
나타나는 때 봄~가을

북도마뱀

2001년 교토대학 대학원의 S. L. 첸(Chen)이 한국 미기록종으로 알린 도마뱀이다. 8월에 새끼를 낳으며, 현재까지 강원도 지역에서만 살고 있는 것이 확인되었다. 움직임이 빠르고, 원인을 알 수 없는 특정 기간에는 눈에 잘 띄지만 보통 관찰하기 어렵다.

1 옆의 검은 띠가 반듯하다. 2 도마뱀에 비해 구릿빛이 진하다. 3 먹이를 찾는다. 4 햇볕을 쬔다.

□ 먹이를 찾는다.(위)
□ 볕을 쬔다.(왼쪽)
□ 무늬가 특이한
   개체.(오른쪽)

도마뱀아목 장지뱀과

몸 길이 15~22cm
사는 곳 숲 언저리의
　　　　 묵은 밭, 무덤
먹이 곤충, 거미
니다나는 때 봄~가을

아무르장지뱀

위험을 느끼거나 잡혔을 때 꼬리를 끊고 달아나는 경우가 많다. 짝짓기 철에 3~4쌍의 샅구멍에서 페로몬을 풍긴다. 알은 7월에 보통 4~6개 낳는다. 눈 밑에서 앞다리 가까이까지 흰 줄이 있어 비슷한 줄장지뱀과 헷갈린다. 우리 나라에서 가장 흔한 장지뱀 가운데 하나로, 무덤 터에서 쉽게 볼 수 있다.

1 나무를 탄다. 2 알 3·4 알에서 깨어나는 과정. 5 앞에서 본 모습. 6 어린 개체.

7 살구멍 8 때까치가 잡아 놓은 아무르장지뱀. 9 메뚜기를 잡아먹는다. 10 꼬리를 끊었다. 11 부화한 지 30일 정도 된 개체.

■ 나무를 탄다.(위)
■ 얼굴(왼쪽)
■ 등(오른쪽)

줄장지뱀

위험을 느끼거나 잡혔을 때 꼬리를 끊고 달아나는 경우가 많다. 짝짓기 철에 뒷다리 밑에 있는 한 쌍의 샅구멍에서 페로몬을 풍긴다. 알은 7월에 4~6개 낳는다. 눈 밑에서 뒷다리 가까이까지 흰 줄이 있으나 없는 개체도 있어서 아무르장지뱀과 헷갈린다. 나지막한 숲 언저리에서 볼 수 있다.

도마뱀아목 장지뱀과

몸 길이 13~20cm
사는 곳 낮은 숲
　　　　　언저리의
　　　　　묵은 밭, 무덤
먹이 곤충, 거미
나타나는 때 봄~가을

1 흰 줄이 뒷다리까지 이어지지 않은 개체. 2 앞에서 본 모습. 3 위에서 본 모습. 4 샅구멍 5 볕을 쬐고 있다.
6 그늘에서 쉰다.

□ 위에서 본 모습.(위)
□ 볕을 쬔다.(왼쪽)
□ 표범장지뱀이 좋아하는
환경.(오른쪽)

표범장지뱀

흔히 바닷가나 강가의 모래에 구멍을 파고 산다. 움직임이 매우 날래서 개체수가 많음에도 눈에 잘 띄지 않는다. 알은 7~8월에 모래 속에 4~5개 낳는다. 샅구멍은 열한 쌍이며, 몸에 아름다운 표범 무늬가 있다. 환경부 지정 멸종 위기종 2급이다. 최근 서울 월계동 초안산에서도 확인되었다.

도마뱀아목 장지뱀과

몸 길이 12~16cm
사는 곳 바닷가 모래밭,
강가 모래톱,
언덕
먹이 곤충, 거미
나타나는 때 봄~가을

▫ 보호색을 띤 도마뱀붙이.(위)
▫ 혀 내미는 도마뱀붙이.(왼쪽)
▫ 허물 벗는 도마뱀붙이.(오른쪽)

도마뱀아목 도마뱀붙이과	
몸 길이	6~10cm
사는 곳	부산 지역의 집과 그 주변
먹이	곤충
나타나는 때	봄~가을

도마뱀붙이

대부분 부산 지역에서 보이며, 특히 밤에 곤충이 많이 모여드는 가로등 밑에서 자주 눈에 띤다. 오래된 집에 살며, 곤충을 잡아먹는 것도 볼 수 있다. 알은 여름에 나무껍질, 나뭇잎, 벽지 밑 따위에 두 개 낳는다. 현재 부산에서 보이는 것들은 거의 다 배를 타고 일본에서 건너온 것으로 짐작된다.

□ 혀는 3가지 빛깔이다.

대륙유혈목이

우리 나라에서 가장 작은 뱀으로, 성질이 온순하며, 개체수가 적다. 사람을 거의 물지 않는다. 남쪽으로 내려갈수록 개체수는 비교적 많아진다. 몸은 붉은 빛, 누런빛을 띤 밤빛, 누런빛을 띠는 것들이 있으며, 알은 7월에 5~7개 낳는다. 몸이 작아서 큰 먹이를 잡아먹을 때는 두 시간 넘게 걸리기도 한다.

뱀아목 뱀과

몸 길이 40~50cm
사는 곳 숲의 계곡
먹이 지렁이, 곤충, 물뭍동물
나타나는 때 봄~가을

1 배는 엷은 노란색이다. 2 누런빛이 도는 밤빛 개체. 3 나무에서 볕을 쬔다. 4 앞에서 본 모습.

1 앞에서 본 모습. 2 냇가 바위에서 볕을 쬔다. 3 부처손 위에서 쉰다. 4 위에서 본 모습.

실뱀

뱀아목 뱀과

구렁이만큼이나 매우 드물게 보이는 종으로, 우리
나라에서 움직임이 가장 빠른 뱀이다. 5~6월에 짝
짓기를 하고, 7~8월에 알을 낳는다. 머리부터 꼬리
까지 등에 흰 줄이 뚜렷하며, 다른 뱀보다 눈이 상
당히 큰 편이다. 사는 모습이 속속들이 밝혀지지는
않았으나 큰 강가와 냇가에서 자주 보인다.

몸 길이 50~70cm
사는 곳 강과 내, 숲과
　　　　　그 언저리
먹이 지렁이, 곤충,
　　　물뭍동물
나타나는 때 봄~가을

■ 숲길에 나왔다.

뱀아목 뱀과

몸 길이 80~130cm
사는 곳 강가와
　　　　큰 냇가, 숲과
　　　　그 언저리
먹이 길동물, 새,
　　　물뭍동물
나타나는 때 봄~가을

능구렁이

밤에 돌아다니는 버릇 때문에 여름 밤에 찻길 위를 지나다가 치여 죽는 경우가 많다. 위험을 느낄 때는 '쇄~애' 소리를 내며 덤비기도 한다. 뱀을 잡아먹는 뱀으로 잘 알려졌으며, 나무도 잘 타고 새 알도 잘 먹는다. 살모사에게 물려도 죽지 않는다. 몸에서 노린내가 많이 난다.

147

1 바위굴에서 나온다. 2 도로에 나왔다. 3 덤빌 듯한 모습이다. 4 혀는 다홍빛이다. 5 뱀은 먼저 건드리지 않으면 덤비는 일이 없다.

148

□ 볕을 쬔다.

뱀아목 뱀과	

몸 길이 70~100cm
사는 곳 풀밭
먹이 쥐, 새, 물뭍동물
나타나는 때 봄~가을

누룩뱀

우리 나라 어느 곳에나 찾아보기 쉽다. 보통 4~5월에 짝짓기 하며, 7~8월에 땅 속 구멍에 알을 낳고 품는다. 알은 40~50일이 지나면 깨어난다. 나무를 잘 타서 새 안과 새끼를 잡아먹는 일이 많다. 성질이 사나운 편이다. 많은 사람들이 물뱀과 헷갈리는 뱀이다.

1 연노란빛을 띠는 개체.　2 밤빛을 띠는 개체.　3 나무를 잘 탄다.　4 알을 품고 있다.　5 뱀의 이빨은 대부분 안쪽으로 굽어 먹이가 몸부림쳐도 빠져 나가기 힘들다.

6 숲길을 지나간다. 7 머리 8 잎갈나무에 오른다.

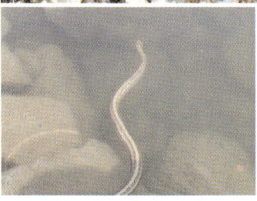

□ 화가 날 때 무자치의 머리는
　세모꼴이다.(위)
□ 다른 뱀들과 달리 머리를
　물 속에 넣고 헤엄친다.(왼쪽)
□ 물가로 나왔다.(오른쪽)

무자치

따뜻한 곳에서는 2월 말부터 보인다. 보통 4~5월에
짝짓기를 하고, 8월부터 9월 초에 새끼 7~15마리를
낳는다. 예전에는 가장 많은 뱀 가운데 하나였으나,
지금은 농약을 쓰지 않는 논에서나 드물게 보인다.
개구리가 도망치지 못하도록 입으로 문 뒤 몸으로
감싸면서 먹는다.

뱀아목 뱀과

몸 길이 60~80cm
사는 곳 논, 강가와
　　　　냇가
먹이 물고기, 개구리
나타나는 때 봄~가을

1 새끼의 배는 주황빛이다.　2 다 자란 개체의 배 무늬.　3 9월 초에 태어난 새끼.

1 공격 자세를 취한다.   2 혀가 검다.   3 무자치 암컷의 뼈대.

□ 구렁이의 공격 자세.

뱀아목 뱀과

몸 길이 100~200cm
사는 곳 절, 집 주변
먹이 쥐, 새, 물뭍동물
나타나는 때 봄~가을

구렁이

우리 나라에 사는 뱀 가운데 가장 크다. 북쪽 지역에는 검은빛을 띠는 것이 많고, 남쪽 지역에는 누런 빛을 띠는 것들이 살며, 무늬가 다양하다. 성질은 온순한 편이다. 전에는 매우 많았으나 마구 잡고 쥐약을 쓰다 보니 요즘에는 찾아보기 힘들다. 보통 5월에 짝짓기 하고, 7~8월에 알을 낳아 품는다.

1 우리 나라에서 가장 큰 뱀이다. 2 허물 벗기 직전에 눈은 푸른빛이 도는 잿빛으로 바뀐다. 3 150cm 정도의 황구렁이. 4 나무를 잘 탄다.

5 황구렁이와 먹구렁이의 중간 형태 무늬가 있는 개체.   6 숨구멍이 입 속 아래쪽에 있다.   7 검붉은 구렁이의 혀.

1 구렁이의 머리. 2 뱀의 윗니는 안쪽에 한 겹이 더 있다.

3 무늬가 아름다운 구렁이. 4 먹구렁이는 혀가 검다. 5 2m 정도의 먹구렁이.

□ 유혈목이의 등.

유혈목이

숲에서도 살지만 민물 습지를 좋아한다. 9~10월에
짝짓기 하고, 이듬해 7~8월 초에 알을 10~20개 낳
는다. 목 뒤에 방어용 독이 있으며, 화나거나 놀라
면 몸을 곧추세운다. 움직임이 매우 빠른 편이며,
독이 있는 두꺼비도 먹는다. 우리 나라에서 가장 흔
한 뱀이다.

뱀아목 뱀과

몸 길이 70~100cm
사는 곳 민물 습지,
　　　　 풀밭
먹이 물뭍동물
나타나는 때 봄~가을

1 위에서 본 모습. 2 놀라면 몸을 곧추세운다. 3 짝짓기

1 알을 낳는다. 2·3·4·5 알에서 나온다. 6 유혈목이의 알과 새끼.

7 허물을 벗는다.　8 · 9 주위를 살핀다.　10 청개구리를 잡아먹는다.

1 갈겨니를 먹는다. 2 무리지어 있다. 3 '꽃뱀' 이라고도 불린다.

ㅁ볕을 쬐러 나왔다.

뱀아목 뱀과

몸 길이 50~70cm
사는 곳 제주도의 오름
먹이 지렁이, 물뭍동물
나타나는 때 봄~가을

비바리뱀

1981년 한라산 성판악 사라오름 가까운 곳에서 처음 모습을 보였다. 밤에 나다니는 것으로 알려졌지만, 아직 사는 모습이 속속들이 밝혀지지는 않았다. 대륙유혈목이와 매우 비슷하나 훨씬 더 길고, 머리에 짙은 노란빛 무늬가 있다. 환경부 지정 멸종 위기종 2급이다.

□ 검고 흰 띠가 있으며, 머리와 꼬리 쪽의 생김새가 비슷하다.

먹대가리바다뱀

바다에 사는 뱀으로, 가늘고 긴 물고기를 잡아먹으며, 8~9월에 새끼를 낳는다. 강한 신경독이 있으나 성질은 온순한 편이다. 밤에 나다니며 물이 깊은 곳에 사는 것으로 알려졌지만, 사는 모습이 속속들이 밝혀지지는 않았다. 남해안과 제주도에서 드물게 보인다.

뱀아목 바다뱀

몸 길이 90~120cm
사는 곳 남해안
먹이 물고기
나타나는 때 봄~가을

166

□ 옆에서 본 모습.(위)
□ 아무르장지뱀을 잡아먹는 쇠살모사.(왼쪽)
□ 붉은 혀.(오른쪽)

뱀아목 살모사과

몸 길이 50~60cm
사는 곳 산악 지대
먹이 쥐, 개구리,
　　　 도마뱀
니타나는 때 봄~가을

쇠살모사

우리 나라에서 가장 흔한 독사로, 붉은 혀가 특징이다. 보통 9월에 짝짓기 하고, 이듬해 8~10월에 새끼를 4~7마리 낳는다. 성질이 사납고 출혈독이 있으므로 조심해야 한다. 쥐와 개구리를 즐겨 먹는다. 무늬와 빛깔이 다양해서 살모사나 까치살모사와 헷갈릴 때가 많다.

167

1 무늬가 화려하다. 2 쇠살모사의 꼬리 끝은 노랗지 않다. 3 덤빌 듯한 모습을 보인다. 4 다 자란 쇠살모사의 꼬리 끝은 노랗지 않고, 새끼 중 일부는 노랗다.

□ 기어가는 모습.

뱀아목 살모사과	
몸 길이	50~60cm
사는 곳	낮은 산
먹이	쥐, 물뭍동물
나타나는 때	봄~가을

살모사

낮은 산에 산다. 도시 한복판의 숲과 도시 변두리, 서해안의 나지막한 숲에서도 볼 수 있다. 여름에는 흔히 밤에 나다닌다. 9월에 짝짓기 하고, 이듬해 8~9월에 새끼를 5~10마리 낳는다. 꽤 온순한 편이지만 물리면 목숨을 잃을 수도 있으므로 조심해야 한다. 혀가 검고, 꼬리 끝이 노랗다.

169

1 차에 치여 죽은 살모사들. 큰 개체와 작은 개체의 몸빛을 견주어 살펴볼 수 있다. 2 살모사의 배 쪽은 검지만 꼬리 끝은 노랗다. 3 혀는 검은빛이다. 4 옆에서 본 머리.

5 지네를 잡아먹는다. 6 무덤 터에 나온 살모사. 7 똬리를 튼다.

□ 똬리를 튼 까치살모사.(위)
□ 덤비려는 까치살모사.(왼쪽)
□ 냄새를 맡는다.(오른쪽)

까치살모사

우리 나라에서 가장 큰 독사로, 시골에서는 '칠점
사' 라고도 부른다. 움직임이 빠르고 성질이 사나운
편이며, 몸에서 기름 냄새가 짙게 난다. 신경독이
있으며, 우리 나라 살모사 무리 가운데 독이 가장
센 것으로 알려졌다. 9~10월에 짝짓기 하며, 이듬
해 8월에 새끼를 낳는다. 눈썹줄이 없다.

뱀아목 살모사과

몸 길이 60~80cm
사는 곳 깊은 산
먹이 쥐
나타나는 때 봄~가을

1 혀가 검붉다. 2 기어가는 모습. 3 먹이를 찾는다.

■ 찾아보기